欧美品味家居与鉴赏

U0376416

家生活编委会 ◎主编

冷艺璇 ◎翻译

吉林科学技术出版社

图书在版编目（CIP）数据

欧美品味家居与鉴赏 / 家生活编委会主编. -- 长春：
吉林科学技术出版社，2015.1
ISBN 978-7-5384-4953-2

Ⅰ. ①欧… Ⅱ. ①家… Ⅲ. ①住宅－室内装饰设计－
图集 Ⅳ. ①TU241-64

中国版本图书馆CIP数据核字（2014）第238612号

A WELDON OWEN PRODUCTION
Copyright © 2015 Weldon Owen Inc. and Pottery Barn

本作品简体中文专有出版权由童涵国际独家代理。(KM Agency)
独家代理。

版权登记号 07-2013-4139

欧美品味家居与鉴赏

主　　编　家生活编委会
出 版 人　李　梁
策划责任编辑　杨超然
执行责任编辑　王　皓
特约审稿　张　奇
封面设计　欢唱图文制作室
制　　版　欢唱图文制作室
翻　　译　岑艺璇
开　　本　880mm×1230mm　1/16
字　　数　400千字
印　　张　22.5
印　　数　1-3000册
版　　次　2015年9月第1版
印　　次　2015年9月第1次印刷

出　　版　吉林科学技术出版社
发　　行　吉林科学技术出版社
地　　址　长春市人民大街4646号
邮　　编　130021
发行部电话/传真　0431-85635176　85651759
　　　　　　　　　85651628　85635177
储运部电话　0431-86059116
编辑部电话　0431-85659498
网　　址　www.jlstp.net
印　　刷　吉林省吉广国际广告股份有限公司

书　　号　ISBN 978-7-5384-4953-2
定　　价　128.00元
如有印装质量问题　可寄出版社调换
版权所有　翻印必究　举报电话：0431-85635186

理想的家

　　有人说家要比语言更能透露出一个人的本色。或许其中最主要的原因在于，人们只有在家中才能享受完全的自由，将身边的一切设计成自己钟爱的模样。

　　在过去的几十年中，人们的生活方式逐渐趋向休闲与轻松，而居家方式也因此发生了许多改变。形式和功能都中规中矩的房间已渐渐让位于功能和布局都更加灵活的"多用空间"。优质装修材料的使用让人们能够将生活空间延伸至户外，如今，无论是露台、门廊还是庭院都可以延续客厅的风格与舒适度，而不再受天气的影响。浴室也变得更加宽敞，其功能亦超越了洗浴本身，而是侧重于为人们提供一种放松、一种享受。远程通信的发展令在家办公成为一种更为常见的工作方式。新式的娱乐科技产品价格合理，令越来越多的家庭拥有了自己的家庭剧院。然而，在这一切纷繁的改变之中蕴含的实质却依然如故，那就是每个人对家的热爱。

　　本书的写作目的在于帮助人们应对在家居设计过程中可能面临的挑战，书中内容包含平面图、比色图、材料指南以及对数百种风格的简要介绍。希望每个人都可以在本书的帮助下完成自己的家居设计，并在此过程中感受到应有的轻松、快乐和迸发的灵感。为简明起见，本书根据房间的类型及功能进行章节划分。希望读者能够体会到真正美好的家，不仅仅是房间与房间的组合，它还承载着自我及家人个性与思想的终极表达。

目　录

家

"家，是一个人性格的

生动写照。

在家中，眼光所及之处

皆有心爱之物。

家，是存放记忆的

博物馆，

亦是上演未来的

大舞台。"

对大多数人来说，家是为自己和朋友精心打造的私人领地，是"乐享生活"的起点和归宿。如今，家的风格已与往日大不相同，人们渐渐摒弃了正式、拘谨的家装风格，转而强调家装的个性与舒适。如果你偏爱奢华、古典的装饰风格亦无不可，但在当代生活中，舒适无疑就是最好的奢华。只有温馨舒适与美观漂亮的房子才称得上是"家"，毕竟，我们的终极目标并非仅仅是在客厅里刷好墙

点"房"成"家"

将自己的家布置得舒适、温馨且独具风格是人生的一大乐事，也是一大收获。

壁、摆上新沙发，而是要让每个人都能在家中感觉到轻松自在。好房间的基本要素很容易定义：舒适度、精心设计的座位、和谐的色彩搭配、既实用又能营造气氛的灯光、漂亮的物件以及整体的自在感。这些要素应遍布每个角落。从豪华的主浴室到最新式的家庭办公室，再到户外空间。这些要素的组合方式会打造出家的特色，一切皆由你决定。家具和配饰的搭配、各种质地的相互映衬、色彩的应用以及物品的摆设。风格并非取决于单一的选择或固定的套路，只有美观与舒适度的完美结合才能创造一种全新的风格。

装饰并不在于模仿某种风格，
而在于表达出自己的风格

家人和你的生活方式即是一种风格，它来源于家中的每个组成部分和它们背后的故事。本书介绍了许多创意十足的装饰方法，这些方法可以帮助你打造自己的家装风格。如果有经验丰富的室内设计师相助，你还可以打破常规，展开大胆的尝试。想要让家变得温馨舒适并不需要专业人员的建议，你只需知道自己喜欢什么，相信自己的品味，尊重自己内心的感受。如果你想知道自己的风格，那么最简单的方法莫过于花些时间浏览设计类的杂志、书籍和图册，将其中令你心动的创意记录下来。如果看到自己喜欢的颜色、图案或形状，可以将其剪下并收集起来备用。不仅有形的设计创意值得借鉴，许多无形的元素如灯光、房间大小、气氛或感受也都可作为设计过程中的参考。

舒适、自在的感受
才是真正的奢华

此外，你还可以收集喜爱的涂料和织物样品，然后将其做成图册。收集工作可以点滴积累，等画册的页数增至三、四十页时，它就成为一个非常有价值的参考文件。将收集的资料展开，看看我们都有哪些收获，资料中的物件多为木制品，还是不锈钢制品？房间里的色调是浓墨重彩，还是简单素雅？房间的设置是开放式，还是独立式？

通过对资料的分析，你会总结出自己的偏好，梳理出一种自己喜爱的装饰风格。现在，我们只需行动起来，根据实际情况，在制定好的预算内进行装饰，一切便会水到渠成。

无论装饰的对象是一间小公寓还是一所大房子，我们最好从确定色彩基调开始。只要确定好色调，便可将其应用于涂料、织物和家具之上，传递出一种统一、融合的风格。装饰房间是一个长期、持续的过程，因此最好在开工之前就制定好总体规划，然后依照规划逐步进行。当然，总体规划也并非一成不变，在装饰的过程中可以跟随感觉和心情随时进行调整。有些地方的风格可以更加正式，有些则可以更加随性。

即使总体规划并非一成不变，但在初期规划阶段，选好家中的色彩基调对于家居设计来说仍然大有益处。它可以让你集中精力，省去纷繁复杂的选择过程。本书与色彩相关的章节中给出了选择色调并进行合理应用的策略和方法。

一旦确定好风格和色彩偏好，就可以对家中

的房间逐个进行装饰了。记住，每次只需专注于一个房间，这种方式会更具效率，且装饰效果也远比多个房间同时开工更加理想。此外，在每个房间的装饰过程中，你还可以随时对整体风格进行调整，以达到更好的效果。如果已选好需要装饰的空间，那么下一步工作便是根据自己的想法画出一张平面图。本书给出了一些非常实用的方法，可以助你做出有效的规划，并将各种元素组合起来，打造出理想的家居环境。

在装饰过程中，第一步即是座位的设计，理想地

将自己珍视的物品和回忆
展示出来，
是最自然的表达方式

设计效果应能够促进人们之间的沟通，并满足各种活动（例如，在家工作或看电影）的需要。设计好座位之后，应对房间中的过道情况进行观察和分析，在确保通行顺畅的情况下安排家具的位置和摆放方式。随后，将家中的照明需求记录下来，确定环境照明、局部照明和工作照明的可能来源。完成了上述几项工作之后，就可以考虑对窗帘地选择了。选择休闲风格还是正式风格，选择百叶窗还是绒布窗帘？平面图完成之后，便可据此来对细节进行安排，根据整体的风格和色调来选择家具和配饰。

在装饰过程中，尽量在长期投资和短期消费之间找到一个平衡点。随着季节的交替变换房间的色调或风格是家居设计中的一大乐趣，你可以将枕头、床单

家，是一个充满生命力的有机体。
你成长，它便成长；
你改变，它就改变。

或其他配饰作为尝试和变换的对象，但不要频繁更换大件家具。这样，既可以满足你想要尝试新鲜事物的渴望，又能够长久地保持家中的整体风格。

购买大件物品时，一定要将质量、舒适度和风格纳入考量范围。设计风潮时常变换，家居风格也不断演化，但恒久不变的是对舒适自在的追求。记住，家居设计并非艺术陈列，你的终极目标是让家成为生活的港湾。当客人到来时，你的热情欢迎要比精心设计的座椅更令人感到温馨愉快。

生活

"我想要一个房间——

一个能体现

自我风格与经历，

让每个身处其中的人

都感到舒心自在、

流连忘返的生活空间。"

理想生活空间的
构成要素

　　简单而言，客厅是一个充满生活气息的空间。在日常生活中，人们在客厅里度过的时间最长，而且，客厅的装修也凝聚了最多的资源和精力。生活存在于家里的每一个角落，在客厅的装修过程中学到的经验也可应用于家中的其他空间。客厅在很大程度上决定了家居装饰的整体风格和基调，因此，在装饰过程中应考虑到客厅带给其他房间（包括户外空间）的影响。本章节提供的创意和方法，将帮助你打造一个舒心惬意的生活空间。

如何布置客厅

当你准备开始布置时，就要有清楚地明确设计的目标，这是布置房间的关键。在布置初期，你既要关注房间的设计风格也要关注房间的功能，以达到理想的布局。

无论你正在重新装修房间或只是重新布置格局或是粉刷房间，都应在选择色彩和购买新家具之前，花些时间来绘制一个房间整体布局图，绘制一个和家具规模一致的平面图。首先，在草图上绘制大型家具，如沙发、扶手椅和大型衣橱。这些大件家具将决定还需要其他什么家具及如何使用已有的家具。规划这些家具周围的过道。主要通道需要90cm~120cm宽，这是最理想的通道宽度。茶几和沙发之间最少要留出45cm的

空间，在其他家具之间要留出60cm。

要清楚自己将会如何使用这间屋子，需要哪些额外的家具，如茶几、软垫凳、灯具、存储柜以及额外的椅子等。你喜欢整齐、布置井然有序还是喜欢休闲随意的房间？家人主要把该房间当做视听中心，或是享受娱乐的场所还是使其成为不同群体、不同规模的谈话或聚会区？是否考虑增添一些家具，这些家具可增加空间的实用感，例如靠墙的架子用于储物，或在聚会时用做吧台的桌子。所有家具在安排到位之后，可以计划在某些区域铺设地毯。为了安排、放置沙发等可坐的家具，地毯必须足够大，使所有这些家具都可以放在上面。如果以上方法不可行，也可使用略大于茶几的地毯，将茶几放在地毯上。

开放式客厅

开放式设计的房间有独立的活动区，这些活动区之间略有不同，为人们走道留下足够的空间。

■ U型座位区可以让很多人坐在一起。

■ 在座位区和餐桌之间有一条分界线，该分界线由沙发背构成。

■ 当就餐区的地板上不铺设地毯时，一块大地毯会使谈话区域的轮廓更加分明。

■ 通向其他房间和露天阳台的开放式通道，是随意搬动家具后形成的，把这些家具放置在不靠墙的位置上，就可成为以上两个空间的中心。

■ 客厅里偶尔使用一次的椅子更具灵活性。

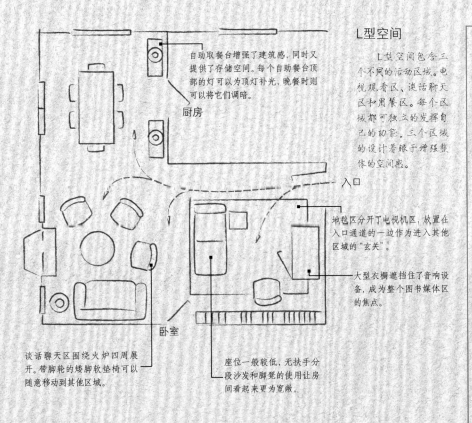

自助取餐台增强了建筑感，同时又提供了存储空间。每个自助餐台顶部的灯可以为顶灯补光，晚餐时则可以将它们调暗。

厨房

L型空间

L型空间包含三个不同的活动区域。电视观看区、谈话聊天区和用餐区。每个区域都可以独立的发挥自己的功能，三个区域的设计着眼于增强整体的空间感。

入口

地毯区分开了电视机区，放置在入口通道的一边作为进入其他区域的"玄关"。

大型衣橱遮挡住了音响设备，成为整个图书媒体区的焦点。

卧室

谈话聊天区围绕火炉四周展开。带脚轮的矮脚软垫椅可以随意移动到其他区域。

座位一般较低，无扶手分段沙发和脚凳的使用让房间看起来更为宽敞。

娱乐规划

入口

如果你的起居室经常被用作娱乐中心，增加一些沙发和可以任意移动的轻型椅子，提供一些桌子给客人摆放食物和饮料。

娱乐时，一对轻型椅子便于移动。

自入口门厅，人们可以从摆置在中间的双人沙发两侧鱼贯而入。

双人沙发后面摆放一张餐桌大小的桌子可用作书桌摆放东西，也可偶尔用来摆放未经烹调的非特意准备的食物供人用餐。

厨房

夜里，装饰灯（这些灯的开关闭合在桌子和地板上形成不同的光圈）形成一束三角形的柔光。

对称的双人沙发放在直角的格局中，在大型聚会时可作为二人的设计。

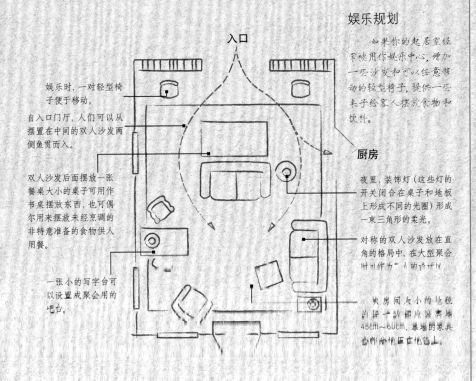

一张小的写字台可以设置成聚会用的吧台。

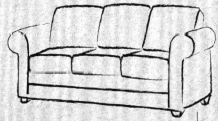

标准沙发款式

无论沙发是什么款式，最好的沙发款式是能够帮你改变房间的外观。在选择沙发款式时，中性色调是好的选择，并且应永远把舒适度放在第一位。

经典沙发

经久不衰的风格避免了赶时髦追时尚的设计倾向，正是这一点让经典沙发扮演了主要家具的角色，并且可以让人们在数十年后仍乐此不疲地使用它。

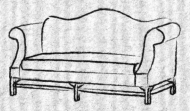

仿古沙发

仿古沙发具备一种古老的吸引力，但是没有软垫的靠背，舒适程度通常不及带有柔软靠背的现代沙发。

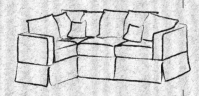

组合沙发

组合沙发的分体特征使其在布局选择上具有灵活性。你可以根据需要和愿望增大、缩减或重新布置它的各个部分以达到改变空间的目的。

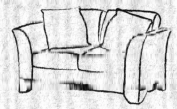

组合沙发

这种沙发占地面积小，是狭小空间的明智之选，也可考虑将他们摆放在房间入口、宽敞的门廊或卧室小。

亲朋好友间的小聚是人生中的一种乐趣和享受。无论你相约至亲至爱还是新旧好友，每个人在你的起居室中都应该有宾至如归的感觉。座位安排是一切的开端。房间的布置会影响人们交谈的方式，所以为了让起居室提供足够的交往机会，应该

亲友 **相聚**

成功的起居空间让人们轻松舒适。有效的座位安排让人们放松，安心。

提前为大大小小的聚会做准备。虽然有时陌生的人们能够隔着一间拥挤的房间找到彼此，但是当人与人的距离更近时，我们会感到更舒服。无论人们是坐在两张相邻的椅子上还是围成一个大的交流圈，眼神交流是很关键的，而且这种交流很容易建立。因此，座位配置应该遵循一定的逻辑。为此，请找到一个自然的聚集点。如果你的房间有一个壁炉，请你尽可能地利用。例如在寒冷的季节，大家可以围着壁炉席地而坐；在夏天，从一排窗口眺望的花园或者水景，会成为完美的景致。请保证房间在满足基本需要的基础上有额外的座位，并在各个座位上提供饮品，以免前途的苦恼。

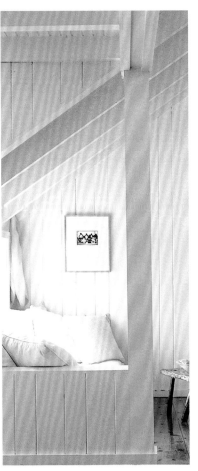

待客空间

在常常用来举办聚会的场所，不同区域的多种座位安排为人们的聚会和交往提供了充足的空间。

保证足够的活动空间可以令亲友聚会的效果更为理想。如果空间充许，可以将人房间的座位区域划分为更小，更近的小区域。这样能够为宾客参与谈话提供更多的选择，而且便于家人同时利用这一空间各自进行不同的活动。在聚会开始之前将不必要的物件移走，这样能够使房间更加宽敞。然后将轻巧的，便携的椅子加入其中，这样便于客人自由活动。在较小的房间里，可以使用折叠椅或垫子来提供更多座位。

空间格局点评

这间宽敞的客厅被划分为三个不同的区域，这样既能满足家庭日常使用的需要，又可同时款待多位客人。

■ 开放式的设计能够吸引客人，促进客人之间的交流。

■ 多个座位区域的设置便于客人相互交谈。两张位于壁炉两侧的沙发，一把围绕着咖啡桌的简易座椅和隐蔽的坐卧两用长椅提供了安静闲谈的地点。

■ 白色的室内装潢将室内不同的区域连成一体，营造出平静温馨的氛围。

■ 轻巧的便携木质座椅中便增添了乐趣，也方便客人们随心所欲地移动。

■ 中性色调的小块地毯划分出各个座位区域，而且不影响蜂密色松木地板的整体效果。

空间格局点评

　　这间房间的布置属于传统型，但休闲风格的织物和小物件为其平添了轻松舒适的感觉。

■ 展露个性的古物和白色的帆布沙发套搭配巧妙，营造出轻松休闲的氛围。

■ 壁炉架和法式玻璃门的白色边框清爽利落，衬托出房间的建筑细节。壁炉架上方摆设的一组花瓶风格纯朴，与房间的色调融为一体。

■ 经典的蓝色墙壁令人感觉到轻松舒适，明媚的阳光洒入房间，处处光影斑驳。

■ 窗帘未加装饰，通透无阻。阳光洒入房间，令镜子和镀银表面熠熠生辉，为房间平添了一抹低调的奢华色彩。

经典舒适

　　复古风格与现代风格的混搭为传统样式的房间带来生机，给人以温馨舒适的感觉。

　　标准的座位安排是将沙发，咖啡桌和一对座椅放置在壁炉的周围。许多家庭都采用这种安排方式，它的好处是能够有效利用空间，令人感到轻松舒适，而且适合大多数家居装饰风格。在颜色，家具和装饰品方面独具创意的选择能让你在遵循经典装饰框架的同时与时俱进，即使是样式十分传统的房间，也可以在不同风格的混搭下显得生机勃勃。

　　风格传统的房间也可以给人以亲近之感，为达到这种效果，首先应该选择既美观又舒服的座位，再配以容易打理的沙发套（椅套）和适合的抱枕。适当摆设一些风格古朴的物件可以为房间增添生活气息。可以选用色彩明亮，风格休闲的窗户边饰——棉质的遮阳布或者帆布（而非厚重的窗帘），或不加装饰，或在窗户上悬挂一些透明轻质的织物来营造明亮，轻快的感觉。

灵活的座位安排

在选择起居空间的家具时，应挑选可根据不同季节或场合进行移动和摆设的家具，组合式座椅就是一种较为理想的选择，这样的思路也可以用于摆放其他家具。在重新布置房间时，如果家中有沙发，那么相比之下，小沙发比大沙发更加灵活；配套的扶手椅比不配套的更容易并排排列，或者可以围绕桌子排列。长凳和搁脚凳则能起到双重作用，搭配有个性的咖啡桌，或者用来充当备用座位。

迎合暖季的安排

如上图，将沙发置于能够欣赏花园景色的位置可以将人们的注意力从壁炉移开。而在秋季和冬季（下一页），只要对椅子和沙发稍作调整便可将人们的注意力转向熊熊燃烧的壁炉。

扶手椅四件套

左图展示了经典沙发排列方式的改变，其中每两个沙发彼此相对。这种设计非常适于玩棋盘游戏或亲友畅谈。

设计方案：组合座椅的排列

组合座椅的灵活性非常好。与座椅和沙发的组合相比，其占用的空间更小。许多座椅本身不带扶手，如果将其摆放在房间之中，会令人感觉空间更加开阔。

组合座椅通常以组为单位进行出售（置于角落的座椅配上单扶手座椅或几张小椅椅、或或几张长沙发）。请根据房间的实际情况进行选择。无扶手家具能够为重新布置房间提供最大的灵活性。

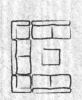

U型排列

此方式提供的座位数最多，但是需要摆放大型家具水与之相配，例如用特大的搁脚凳来充代咖啡桌，记得要留出45cm的空隙。

角落式排列

两组等长的排列方式需使用大型座椅与之相配。咖啡桌在此种方式下不适用，可以选用狭长的桌子，并根据需要放置座椅背后。

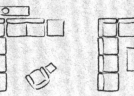

L型排列

长方形咖啡桌非常适合L型的座位布排。在空间不够充裕的情况下，可以不必使用咖啡桌，而选用叠放的台桌来进行搭配。

选择壁炉

火总是带给人们一种温暖的感受，因此，壁炉是家中最引人关注的焦点之一。因为它的视觉意义，壁炉成为家中一个最为重要的元素。壁炉可以主导整个房间的格调，因此，壁炉架，壁炉周围的布置，以及炉边设计中细微的改变都可能会对房间的整体效果产生很大的影响。

即使现有的壁炉不够完美也没有关系，通常在不改变燃烧室和烟囱的条件下，壁炉的外表元素和规模都是可以改进的（见图）。在理想的情形下，壁炉的风格和规模应与房间的建筑风格相配，且应该尽可能地引人注目。考虑一下，是选择深一些的壁炉架还是浅一些的壁炉架呢？选择彩色的内部瓦片呢？还是选择石头或者其他柔和的材料呢？诸如大理石和花岗岩等质感奢华的材料可以令壁炉周围，壁炉架和炉床熠熠生辉。将这些材料应用到小的区域能够在成本合理的前提下达到极好的效果。

（图❶）展示的是**拉姆福德壁炉**，该设计出现于18世纪，其特点是利用高炉口和浅燃烧室来散发热量。其高大垂直的燃烧室适于举架较高的房间。

设计方案：让壁炉焕然一新

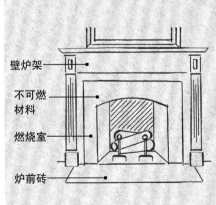

壁炉架

不可燃材料

燃烧室

炉前砖

如果家中的壁炉已经磨损或与整体环境不相协调，那么可以利用一些简单的方式来改变其外观。例如，重新刷漆或者更换壁炉架都可以消除壁炉的陈旧感，且所需成本较之更换新壁炉要低得多。右侧列出的材料可以在家居修理或者壁炉商店买到。

如果自己进行维修比较困难，那么最好是请木匠或者瓦匠前帮忙，燃烧室的修理也应该请专业的技术人员来进行。

■ 清扫炉床时应扫净煤烟和烟渍。

■ **重新刷漆**是令过时老旧的砖砌壁炉焕然一新的最简单、最经济的方法。

■ **新壁炉架风格各异**，从定制的大理石、石灰岩壁炉架，到预制的木质、石质、混凝土、铸石壁炉架，甚至还有铁质壁炉架。大多数的建材中心和木材行都有多个种类，也包括复古风格的产品。

■ **更换壁炉边饰时**，无论是把石板材料塑成一定大小，还是选用陶瓷或者瓦片，都可以将其直接覆盖于已有的表层，或者用灰泥涂在已有的表层之上。

角落式炉床

如果有空置的墙面，可以在角落里放置一个壁炉，为家中带来舒适的感觉。家人围坐在墙角壁炉旁也会成为家庭生活一景，而靠在壁炉一侧或者两侧的长椅上使得壁炉显得更加引人注目。

传统木质壁炉架

过去，木质壁炉架与房屋的建筑风格融为一体，如今，这种融合性仍然适用。壁炉架风格众多工艺美术运动风格、联邦风格、维多利亚风格或者美国乡村风格等，在众多选择之中，轻而易举地就能找到一款适合自己家居环境的壁炉架。

平齐式壁炉架

浅式壁炉架或平齐式壁炉架非常适合用于面积小的房间。图中用人造大理石制成的细长样式既不会喧宾夺主，也不会占用房间过多的空间，还能为房间增添建筑细节。其探出墙面的边缘部分恰好可以容纳一幅画。

垫高式的炉床

距离地面45cm的炉床可以抬高炉火，这样，在房间的任何一个地方都能看到温暖的火光。而且，这样的设计还能令生火和维持炉火燃烧变得更为简单。炉床可以延伸至壁炉的任何一侧，形成一个较矮的长椅，方便人们在炉边就座。

古典风格的石质壁炉

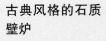

镶嵌有大理石的小型铁质壁炉架早先是为燃煤的壁炉而制，但经过改制，已经可以符合今日的使用需求。壁炉周边的雕刻十分华美，拱形的燃烧箱和简易的壁炉架只需要进一步装饰。各古旧的壁炉装饰和壁炉架在市场上均可买到。

墙内嵌入式壁炉

极简方案开创了壁炉设计的新趋向，这种设计方案在现代家庭中逐渐流行起来。嵌入式壁炉由建筑演变而来，通常具有如下特征，燃烧箱为横向，置于墙壁的下方，且没有壁炉架或者壁炉边饰。

壁炉架决定了起居室的整体格调，可以将心爱之物摆在上面，让它们绽放光彩。

（图1）所示，联邦风格的镜子使这一不对称组合的视觉效果更加和谐。这些物件组成了黑、白、棕的色彩组合。请选择能够重复这种组合的物品（镜子上的小球熠熠地闪烁着光芒）。在你满意之前，你可以不断地进行调整。

（图3）展示了一个电影迷的收藏。将一对复古的电影海报排好。然后以一种诙谐的方式，用一排老式相机来向电影的历史致敬。

（图2）展示了自然主题与展品的融合。重复使用的圆形及方形物件凸显了一种节奏感和动态感。目光沿着贝壳到鲜花，然后再到墙上与众不同的镶框书籍。

（图4）天马行空的展示将一组放大镜混合于黑白色的陶罐中。创造了由常见颜色绘成的各种形状的动态组合。

如今，家中拥有一个家人共享的开放式空间已成为一种趋势。理由很简单：没有什么能比全家人聚在一起，其乐融融地享受亲密时光更能增进家人之间的感情。打造开放式空间的窍门在于找到一个平衡点，既要有一定程度的间隔，又要兼顾整体

设计一个
共享空间

样式传统的客厅和餐厅是许多家庭的选择。对于我们来说也是全能"美妙房间"，一个家人共享的开放式空间成为家的中心地带。

的和谐。先把家里的空间划分成几个功能不同的区域吧，如阅读空间、电影世界、用餐地点等等。这一步可以建立一种在大范围内划分出私密空间的感觉。可以用不同样式的地毯和家具作为各活动区之间的过渡。区域内的布置风格要保持一致，应只选用一种或两种颜色，把视觉上的混乱感降到最低程度。选择耐用的材料、涂漆和宽敞的家具，还要有多角度的环境照明。在布置上多花些心思，记得留出足够的存储空间。对于为许多项活动提供空间的区域来说，这一点儿为重要。

美观的空间体现出一个家庭对文化和舒适感的品位。休闲风格的家具使经典样式变得柔和。

■ 由白色、淡黄色和淡褐色组成的温暖中性色调成为简约家具和装饰品的优雅背景。

■ 一架小型钢琴点缀出优雅的气质；房间里丰富的色彩在 面联邦风格的镜子中交相辉映，彰显出黑色和暖色的木制摆件。

■ 舒适的粗毛绒地毯为柔和的色调平添了几分质感，为客人带来舒适感觉。

■ 褐色的软皮质俱乐部椅，抵消了装饰风格带来的拘谨感。

■ 钢琴上，镶嵌在银色相框里的照片风格随性，流露出一丝自然随性的感觉。

简单舒适的家庭娱乐室

在为家人精心布置的娱乐室里，舒适的感觉和拥有家人相伴的幸福滋味充满心田，此间，音乐和游戏成为家庭生活的一部分。

有时，你需要一个房间来安静地享受成年人聚会，静静地享受坐在钢琴边的休闲时光，但有时也需要空间来享受家人聚在一起游戏的其乐融融，对于一个令人感觉优雅而自在的家庭空间来说，朴素的装饰风格是最好的选择。

在用柔和的中性色和茶色描绘出的房间里，舒适与优雅的感觉完美融合。中性色 —— 古屋最灵动的背景色，因为色调的变化会立刻让房间焕然一新。暖暖的中性色传递出一种"浓妆淡抹总相宜"的低调奢华。和孩子们窝在 —— 起玩游戏，小狗就依偎在脚边，游戏过后再来一场观星洒今，用随性的装饰品（如皮质休闲椅、羊毛绒地毯）和简单活泼的小饰品来调和房间给人的拘束感。

分区策略

　　在开放式房间里划出似有还无的微妙界限，这样既能保持开放性，同时又给每位家庭成员创造了一个相对独立的空间。

　　对于开放式空间的设计来说，最具挑战性的一环是想方设法为不同的活动或每位家庭成员划分出各个区域，而同时又能保持奢华的空间感。创造视觉上的分隔感常常是最好的策略。将组合沙发转向背对开放空间的一面便可就坐、用餐或工作区域划分开来。局部墙体、书架、屏风、帷幔（布艺窗帘可以用作屏风）都能带来分隔的效果，它们不会与天花板相连，能够保持房间的开放性。通过地板材料和天花板高度的变化也可以划分出不同的区域。

　　通常，在开放空间中布置几件大型家具要比摆放一些小物件效果更好，因为小物件会带来一种混乱的视觉感受。组合型或成对的饰品是很实用的选择，原因是它们有助于划分出不同功能的区域，而且也便于根据个人喜好随意调整。

空间格局点评

　　这个为有小孩的家庭而设计的开放式空间使用充满想象力的视觉分隔，来划分出休闲区、游戏区、餐厅、厨房。

■ 由白色和灰褐色组成的中性色调将房间的不同区域融为一体。跳跃的红色和优雅的黑檀木色为房间增添些许活力与对比感。

■ 宽敞的内置式沙发划分出一个舒适的看电视区域，而且在视觉上将这一区域与沙发后面的工作区分隔开来。悬挂式红色灯罩突出了生活区与餐厅的不同之处。

■ 间隔墙挡住了通向厨房的视野，又使醒目的红色成为整个房间的强调色。

■ 适合儿童的面料和防磨地板让这一空间成为孩子自由玩耍的乐园。有轮子的黑色面板咖啡桌可以随意搬到其他地方。独特的带轮餐桌可以自由伸展，并根据空间的大小收放自如。

惬意的家庭生活

　　当全家人共享一个小空间时，每一寸地方都要利用起来。可关闭的橱柜和便携式收纳箱能让一切看起来有条不紊。

　　小空间需要精设计，当多位家庭成员都需要在一个房间里工作或享受兴趣带来的欢乐时，这一点非常重要。管理好每个人的装备、玩具、书籍和美术用品，同时还要方便取用，实现这一点需要各式各样的收纳方式。

　　有轮子的收纳箱便于孩子们把玩具或美术用品拿到需要的地方。给每个孩子分配一个收纳箱，这样可以让他们保管好各自的物品，还能激发自豪感；而且孩子们很有可能在扫除日也出一份力哦。可以利用孩子们够得到的咖啡桌下面的空间存放书籍和玩具。大人们的贵重"玩具"，比如音响设备和录影器材最好存放在能够关闭的物品之中，因此，可关闭的橱柜就是最好的选择。

空间格局点评

　　在这间家庭活动室里，孩子们的物品被存放在他们够得到的地方，家长的工作台和视听设备都被很好地保护起来。

■ 从地板到天花板的贯通式橱柜把电视和其他电子设备在不使用的时候隐藏在内，上面的空间还可以存放暂时不用的物品。

■ 带轮子的收纳箱和可堆叠的玩具盒让迅速清理变成可能，孩子们的书籍存放在结实的咖啡桌下面。

■ 老式的学生课桌为孩子们提供了一个学习区域，他们可以在家人身边创作艺术作品。

■ 开放式的书架提供了一个家庭学习区，大人们可以轻松拿到自己需要的用品和设备。

书架的选择

书架是最有效的储存工具之一。书架不仅可以存放物品，还能为房间增添建筑趣味，带来创作灵感。书架不仅可以展示藏书，还可以放置纪念品、照片和艺术品等。

书架的风格应与房间的整体设计风格相一致。木制书架是最常见的选择，因为这可以根据房间的装饰风格为其上色或喷漆；铁质的书架则更具现代感。为体现融合感，让书架的边缘和顶部与门窗或其他的建筑元素处于同一视觉平面上。设计精美的书架具有间距一致的立式支座，完全水平的书架则一字排开（书架顶层可以存放各种物品、电子设备或厚书）。把最大的格子放在底部，以避免头重脚轻或倾斜的感觉

环绕式书架 将开放式房间的角落变成一个有窗台和精致展示架的读书地带。将书架延伸至窗顶，为房间带来不一样的感觉。

设计方案：让壁炉焕然一新

一旦书架就位，就要物尽其用。或许你还没有将布置书架设想成一项设计工作，但一个精心设计，摆满书籍和喜爱之物的书架绝对平易近人且魅力十足。书架可以体现出一个家庭的灵魂。书籍和纪念品反映出家人的兴趣爱好、他们喜爱的作家和艺术家以及令人难忘的家庭旅行。如果你想要重新布置书架，无论是为美观或是方便实用，下面给出的方案都会将你的储物空间变成一道亮丽的风景线。

■ **估量一下你想要放在书架上的物品。** 将每件物品按照体积或类型分类，这样你就知道要做什么了。

■ **在垂直放置的书籍处留出空间来摆放物品、收藏品或在墙上、书架后面悬挂艺术品。** 这样就在书架内部打造出陈列柜，提升了书架的整体外观。

■ **根据书籍体积布置书架。** 在视觉上最令人舒适的安排是将体积较大的书籍和物品放在下面，将较小的放在上面。在布置书架时，每排书之间应留出 3cm ～ 5cm 的空隙。

■ **将小物件放入收纳箱中，这样可以保持整洁的外观。** 将照片、地图、信件装入篮子或收纳箱中。

统一的格子

由统一样式的格子组成的覆盖整面墙的书架可以减少立式支架间的跨度，也是尽量减少书架发生下垂的好办法。整齐有序的格子也非常适合陈列书籍和其他物品。

独立式

由三组深度为30cm的书架组合成的书柜将楼梯平台变成一个迷你图书馆，还留出了足够的空间供人行走。独立式式书柜贴近墙面，与奢华的嵌入式书柜十分相像。

壁炉架

壁炉两侧的墙体是放置书架的最好地点。在这个房间里，书架的顶层横跨壁炉，将整面墙融为一体，而且在壁炉上面创造了一个展示艺术品的空间。将书架的顶层空置，这样，房间看起来更加干净利落。

空间效率

你只需一个深度为30cm的空间来放置书架，这样的空间可以在家中最意想不到的地方找到。将书架放置在窗下可以有效地利用空间，其创造出的空间可以用来摆设物品或临窗而坐，欣赏美景。

环绕式

喜爱读书但家中空间不足的人非常钟爱环绕于门上的书架，而且环绕式的书架还能为房间增添几分建筑趣味，被书架环绕的门窗看起来也十分隐蔽。

涂色背景

将书架后的墙面涂上对比强烈的颜色来吸引人们注意，少量将装饰品点缀于书籍中。在上下贯通式的书柜中，通过变换垂直空间的大小让书柜显得更有活力。

与书为伴是一种享受。充满创意的陈列能让你充分展示出自己最爱的书籍，并流露出一种独有的气质。

（图①）长形陈列柜将一堆书籍变成富有情趣的陈列品。橱柜里装满了通俗小说，小说中的文字被放大后成为柜子的背景。这一设计真是精巧，让整个布置看上去非常精致。

（图②）将自己喜爱的小物件摆在包上书皮的书籍之上，打造出一种明快而略显漫不经心的感觉。白色的书皮令迥然不同的深色封面看起来整齐和谐，书脊上的手写书名给人以随性、个性化的感觉。

（图③）一排烹饪书摆放整齐，在一组老式刨丝机收藏的映衬下更显精美。同样适于这种装饰风格的还有用布袋盛装的米或面粉、贴着标签的老式食品罐、木制切菜板或其他烹饪用具。

（图④）模仿书店式的设计，将几本书的封面朝外，这种布置改变了书架给人的视觉感受，能吸引客人浏览藏书。可以根据个人喜好，将不同的书籍或者最近正在阅读的书籍拿出来做特别的展示。

曾经，客厅要布置得如同舞台般奢华，以彰显一个家庭的身份。客厅需要给人以正式的感觉，以便符合特殊场合的气氛。然而，新式的客厅却完全以舒适为主题，在装饰风格上也要比实用更进一步。无论是睡午觉还是举办鸡尾酒会，客厅都应该能"应对自

提供 舒适感受

当客人脱掉鞋子，像心满意足的猫咪一样蜷在你的沙发上时，那么接受她的赞美吧。因为你已经为她提供了最好的一种感受。

如"；孩子们都愿意把朋友带回家，在客厅里玩耍。舒适意味着让人感到身心放松。一个舒适客厅的构成要素很简单：能让客人放松的宽大家具、柔软质地和体贴的格调。客厅中要有悦人的灯光、能让好友放在背后或颈后的蓬松枕头和为临时到访的客人准备的椅子。软质皮革的触感、长绒地毯的弹性和鲜花的香气也都是迷人客厅的构成要素。再加上跃动的烛光、刺绣的抱枕和亲肤的物品，一切就理想了。真正的舒适是有心爱之人环绕，享受家之美好。

温暖的宝石色调、烛光和充满美感的材料为略显随意的客厅增添了几分受到的奢华格调。

■ 风格随意的沙发套与奢华的床品令自在与优雅相得益彰。

■ 古式与新式摆件混搭，给人带来轻松心情。

■ 巧克力色的墙体带来蚕茧一般的安全感。在这个精致的色调下，深茶色作为中性色，起到了调节作用。

■ 竹丝窗帘比帷帐更显随意。

■ 羊毛地毯更添深度，赋予了房间一种特别的格调。

各种织物的混搭

纹理清晰的织物、温暖的颜色和奢华的格调为家人和朋友打造一片舒心之地。

你的家可以看上去既优雅精致，又不失魅力、舒适怡人。期间的秘密就在于织物的混搭所带来的吸引力。将装饰品融入整体格调，打造一个时尚又令人放松的家庭空间。

通过基本的布置，附有织物的家具来保持简单自在的心情，如长绒披巾或沙发套。饱满的墙面颜色、皮革品、木制品及光线柔和的台灯都能为房间带来沉静和温暖的感觉。夜幕降临时，烛光跃动着温馨的光芒。

休闲风格与奢华风格织物的混搭看上去优美又舒适。将枕头套进棉质枕套，沙发则用软皮革、绒面革或天鹅绒包起来。棉绒、锦缎和绳绒都非常容易打理，又给人以奢华的视觉感受。蓬松或带褶边的织物都能彰显出房间的奢华感。

令人倍感轻松的色调

采用简单的色调和家具，将房间布置得如同旧时夏日旅馆般令人轻松愉悦，让阳光洒满每一个角落。

舒适有许多种形式，但没有哪种会比在一个色调柔和的房间里沐浴阳光更令人感到舒心惬意了。柔和的色调可以舒缓情绪，再加上风格简朴、线条柔和的家具，一切就更理想了。

在一间以白色为主色调的房间里，物品质感的多样化能够增加房间的层次感。木制的嵌板、风格质朴的古董、用天然材料编织的地毯、用柳枝制成的家具、柔软的亚麻织物、生机盎然的鲜花和盆栽植物都为房间平添情趣和层次感。如果条件允许，就让窗户保持原貌，不加装饰，这样，温暖的阳光和自然的气息就可以自由通过，洒满整个房间。可以用柔软的靠枕来装饰柳条椅和其他户外家具，让房间充满田园生活的乐趣。

空间格局点评

房间中光线极好，如同日光浴房一般。置身其中，可以享受难得的宁静与清新。各种色彩产生的对比感醒目怡人，绿色植物更给人舒缓与放松的感觉。

■ 无论是招待客人，还是小睡一会儿，房间中宽敞的沙发和座椅都让人感觉十分惬意。

■ 随着光线的变化，以白色为主的色调与绿色植物相映成趣。

■ 用天然材料制成的椅子、地毯和柔软的织物为白色调单一的房间平添一丝情趣。

■ 精心摆放的鲜花和盆栽让房间随处散发自然气息。

■ 风格随性的小创意为房间带来轻松的气氛。壁炉架上用相框装饰的植物图样创意十足，在鲜花和绿色植物的掩映下充满趣味。

如果你已在家中设计了一个令人欣赏的家居环境，那么请将你对家庭的热爱延伸至露台和庭院吧。如今，爱家的人不会将庭院看作是独立的空间，而是把它当成家的一种自然而然的延伸。人们渴望拥有更轻松的生活方式，因此在户外放松和娱乐已变得十分

向户外延伸

如今，我们的家前所未有地"敞开心扉，拥抱自然"。备受珍视的旧式门廊、庭院和露台已成为今日的客厅。

流行。布置户外空间不需要像装饰室内那样大费周折，让孩子们在户外玩耍更加自由快乐。

如今，防水家具和织物随处可见，你可以按室内房间的装饰风格将露台或庭院变成你所期望的样式。曾经只作出入之用的各处通道如今也备受关注，被人们装饰得如同房间般精致。将房间延伸至户外后，你会发现自己在户外生活的时间也随之延长。特别是在气候宜人的地域。有了漂亮的小暖炉、带遮蓬的露台和户外壁炉，人人都能走出房间，在庭院中、露台上或阳台里享受户外生活的乐趣。

轻松的过渡

　　最理想的户外空间设计会让房屋和庭院浑然一体，让美妙的户外生活如同室内生活一样便利、舒适。

　　户外空间的美好之处在于既能让人享受自然，又能同时感受到家带来的安全感。为了将这种感觉发挥到极致，应尽量让室内和户外空间之间的过渡不露痕迹、自然天成。让户外空间的家具风格与室内装饰风格保持一致，用路面的变化，或者从路面到草坪的变化作为两者之间的过渡。为保持流畅感，应保证视野的清晰和出入的便利——法式玻璃落地门是很理想的选择。

　　选择用柚木或其他抗湿木材制成的家具放在户外，让它们在风雨的作用下慢慢变成银灰色。为了达到美观和耐用的效果，应使用防水防霉的蓬松靠垫来装饰户外空间。用防风灯或大灯笼来营造出淡雅的照明效果，还可以用烛光作为补充照明。搭起户外吧台或使用送餐桌米减少往返厨房的次数，这样就可以有更多时间来陪伴客人。

空间格局点评

　　舒适的座椅加上郁郁葱葱的植物，让这个门廊像旧时夏令营的营地一样充满吸引力。

■ 因为有了石材壁炉，即使在较冷的季节，人们也可以在门廊中活动，而且壁炉本身也非常地人注目。

■ 帆布帷幔就像是一面可以移动的墙，为房间挡风遮雨。

■ 轻巧的座椅和铁质的折叠凳便于搬动，可以在冬季把它们拿到室内存放。

■ 柚木和镀锌材料制成的家具不受天气的影响，且坚固耐用。

■ 地板上的插座可供多个灯具使用，以保证足够的照明。

自内而外的生活

　　石材壁炉将一处通风的夏日门廊变成一个家人和朋友共享欢乐时光的聚会地点。

　　一直以来，带遮蓬的门廊都是令人愉悦之地，不仅如此，它还像茶室一样有着别样的气氛，能够缓解人们对即将逝去的夏日的留恋之情。如今，能够在门廊、露台和庭院中使用的户外壁炉延长了人们可以享受户外生活的时间。壁炉在户外空间自然而然地成为人们关注的焦点，这与其在传统室内客厅的地位一样。

　　如果气候条件允许，户外家具的选择范围就更大了，可以用防水金属或防水硬木（如柚木、红木）制成的家具装饰户外空间，室内的小件家具也可以拿到户外使用，再辅以色彩丰富的织物、地毯、枕头和台灯，户外生活就变得多姿多彩、充满乐趣。如果需要更好的遮蔽效果，可以悬挂由耐用材料制成的帷幔。

引人注目的 入口通道

人们对入口通道的印象是对房屋整体装饰风格的第一印象，因此，在装饰入口通道时应考虑到实用和美观的双重属性。从实用性的角度来看，入口通道的功能是供人们进出房屋，因此，你需要好好地设计这个最小的房间，让一切有条不紊。从情感的层面来说，入口通道应体现出对人们的欢迎之情，因此，在装饰的过程中应该体贴入微，让家人和客人感受到欢迎的氛围。

装饰工作的第一步就是物品的存储。如果入口通道处不设橱柜，那么就在墙上挂好吊钩，用来存放衣物和帽子，还要准备好箱子或篮子来收纳靴子和雨伞。指定一个存放纸袋、信件和钥匙的地点，比如说桌子或小柜子上面。可以在门口放置一把椅子或凳子，以便客人坐下换鞋。在视觉效果上，门口要和房屋里面协调一致，可以用与房间装饰风格相似的家具、颜色和整体格调来实现一致的效果。还有，别忘了摆上擦鞋垫。

（图①），**结实的柜子**在人来人往的入口处担负起存储物品的任务；其他的存储空间可以用来存放大件物品，让通道干净利落，便于出入；墙上的挂钩可以用来存放帽子，这样的设计不仅实用，而且非常美观。

设计方案：为入口通道选择地板

无论家里的房门是直接通向门厅还是通向客厅，入口通道的地板都会经常受到磨损，在选择地板时不仅要着眼于通道的装饰，还要将房屋的整体风格考虑在内。

挑选地板时应考虑到以下两方面：适宜性和耐用性。高雅、正式的装饰风格会让客人感到备受尊重，反之亦然。选用相邻房间内的地板样式来装饰门厅会让门厅看起来更宽敞。如果房间中的地板是木制地板而非瓷砖，那么想要达到上述效果，就要放弃对耐用性的考虑了。

■ （图1）木地板美观舒适，但在湿润的天气里需要定期抛光和保养。

■ （图2）瓷砖由黏土和矿物经高温高压混合制成，能够防污、防划伤。大片的瓷砖常被设计成石头的质感。

■ （图3）拼接的石制地面是一个非常灵活地选择，可以随意设计各种样式。这种材质的地板视觉效果十分奢华，且非常耐用。

■ （图4）用赤陶土制成的瓷砖看上去温暖而质朴。

彩色木门

前门应引人注目且反映出房屋的风格。这扇雕花木门赏心悦目，体现出房屋质朴的田园风格。门板触感极好，减少了几分严肃，亮丽的色彩也让人倍感愉快。

雕花门

通透的雕花门看上去少了几分豪华，多了几分友好。这扇锻铁雕花门不仅样式美观，而且其通透的特点让人情不自禁地驻足观赏，向花园中张望。

楼梯入口

老式房屋中，楼梯是入口的主要形式，要将楼梯好好利用起来。可以用光泽度好的颜料来装饰楼梯，还可以铺设长毯来引导视线，增添趣味。这条"长毯"被巧妙地漆在楼梯上面，将人们的视线引向一摞旧式行李箱。行李箱不仅可以存放闲置物品，还是非常好的装饰品。

客厅入口

如果正门直通客厅，那么在门口放置一件体积较大的家具，如台桌或橱柜，这样，入口看起来更加醒目。在墙面的高处悬挂吊钩，将衣物挂起来，把墙面装点的颇具艺术感。可以将钥匙、手套、围巾和信件等物品放在抽屉里。

存放工作服的房间

简朴的工作间适合周末度假使用，或者被用作车库或设备间。小隔间中的黑板上有每个人的名字，便于在出门时找到个人物品，并在使用后将各自的物品放回原处。

半面墙

开放式房间同样需要一个过渡地带。如果过渡地带不明显，可以用独立的家具在创造一种过渡感，例如，高背椅就是很好的选择，人们可以坐在椅子上面换鞋，还可以存放小件物品。因为椅子可以遮住后面的空间，所以可以将户外用品放在后面。

将对自己来说意义深刻的物品加以展示是一种极具魅力的大众艺术表现形式。使家庭氛围变得舒适的物品对于客人来说也极具吸引力，除此之外房间中能够展现出个人个性的部分也最能引起共鸣。通过富有想象力的方式利用书架、壁炉、桌面和墙面空间陈列一些艺术作品、照片等你所喜爱的物品来表达个人

展示**心爱之物**

在家中展示你所珍爱的物品和私人藏品会给你的家居生活带来勃勃生机。当每一位客人进入房间时，都会因为其中充满激情且富有艺术气息的陈设而心潮澎湃。

想法，同时让它们秀出你的喜好、精神财富和一些旅游经历。特别的物件和收藏品是家居中最为重要的元素，虽然如何去陈设它们毫无规律可循，但是我们提供的一些指导意见能充分帮助你展示个人喜好。把这些物品和照片按照颜色、材质、形状和主题分类加以摆放，这样三五成组的摆放形式能够给人带来视觉上的冲击力。

当你沿着楼梯间墙壁拾级而上的时候，你会看到一幅幅有着历史印记的家族照片，记录着祖辈的历史、家族农场的勃勃生机和你的父母在拥有第一辆车时如同新婚燕尔般甜蜜的幸福时刻。甚至是那些泛黄了的明信片在经过裱装之后，也会成为这个家居长廊中独一无二的一部分，令人从心底感到骄傲。

陈列柜

将整面墙的陈列柜用来摆放各式各样的书籍、单件物品以及收藏品，可以呈现出不一样的精彩。若想实现最有效的物品摆放，则需预先做好精心的设计。

再巧妙的装饰方式也不如将一面墙布置为陈列柜，用其摆放书籍、装饰品和艺术品，这样更具创意。不论是独立式的还是嵌入式的陈列柜，都是陈列品的理想归宿。因为它能容纳杂物，让空间无阻隔且功能最大化。同时，我们还可以轻松地转移、更换物品，使其焕然一新。

为了容纳不同尺寸的物品，我们会采用高矮不一的壁龛，这样就能使空间更加完整。我们还可以用一种自己喜欢的方式把不同类别的书籍与心爱之物搭配摆放，这样偶尔想起并寻找时，就会平添几分乐趣。陈列柜的颜色要均衡统一，以确保色彩的协调，令人更加悦目。

空间格局点评

摆放艺术品和家庭珍藏品的嵌入式陈列柜为这个房间增添了活力，让人倍感温馨并为家庭营造了一种井然有序的氛围。

■ 齐桌高的水平搁板，在书架的顶部为网格构造出一个醒目的框架，并突出了框架的上部，这就创造了一个单独的收藏空间。

■ 一组柔和的色调能让珍藏品在浅灰色的背景下彰显出来；弥补了视觉上的平淡感。

■ 宽大低矮的书架最适于那些过大的书籍，重要的是，它呈现出了一种视觉平衡。

■ 敞开式的隔板采用了对称性设计，为艺术品的展示创造了更大的空间。

■ 古董与随手拾来的物件夹杂在书籍之间，丰富了这个房间的多样性，同时还为其增添了趣味性。

将自己的收藏之物分门别类是很有必要的，这样可以将展示的收藏品设计出戏剧般的效果。你可以通过样式、颜色和主题的重复，营造出一种强烈的整体感。

（图1）如果将复古式茶杯和其他小巧精致的收藏品放在大的橱柜中很容易丢失。这种嵌在墙壁上的立方体陈列盒可以将每件收藏品的美展现出来，同时与深蓝色的墙壁形成对比，创造出一种醒目大胆的风格。

（图2）将来自大自然中的物品摆在家中会极大地吸引大家的眼球。图中的这个精致的鸵鸟蛋蛋壳是一个亮点，是所有收藏中的一个焦点。

（图3）将各式各样的钥匙摆放在一起，就变成了收藏品的展示。底部是一种磁性的公告板，上面是矩形的磁石，用绸带将钥匙悬挂在上面即可。

（图4）将一排复古的砝码摆放在略微有些高度的托盘上，这便成为房间里一道靓丽的风景线。这种美妙的装饰可以带来一种苦乐参半、苦中有乐的微妙感觉。

家庭艺术画廊

用照片将墙面装饰成具有画廊风格的展示平台，这是一个大胆的创意，但是要注意及时更换照片。

无论是收集到的签名作品还是用数码相机拍摄的最近出游的相片，精心的布局可以使房间焕然一新。这不仅仅是因为照片是人人都可以支付得起的艺术形式之一，也源于其展示风格的多样性。如果你使用的是自己的照片，那将会有更多的选择空间，因为你可以对它们的大小及形状加以改变。

我们暂且不用钉子和大头钉将相框挂在墙上，可以尝试将它们放置在窄小的陈列架上。可以随意重新摆放相框的位置，并且随时增添新鲜元素来丰富这个艺术画廊。将照片进行不对称摆放可以赋予陈列品一种灵动性和"万事皆有可能"的可塑性。

空间格局点评

经过严格选择的色调和有所保留的奢华感使得这块空间变得出奇地温暖。白色的墙面和家具的陈设把人们的目光聚焦于照片集锦上。

■ 狭窄的壁架把人的目光定格在白色的背景墙上，为不断变化的"画廊"提供了丰富的想象空间。夜晚，天花板上的装饰灯把这些收藏品映衬得更加绚丽夺目。

■ 无框照片：用夹子将照片固定在线上，通过不断地快速变化，带给人一种视觉上的冲击力。

■ 简单的框架加上相似的风格和颜色，把不同的照片统一起来。

■ "低调"的家具使得五颜六色的照片在这一展示空间中都凸显出来。

■ 慢慢挑选搭配：挑选照片中相同的主色调，使其延伸到房间中的各个角落。

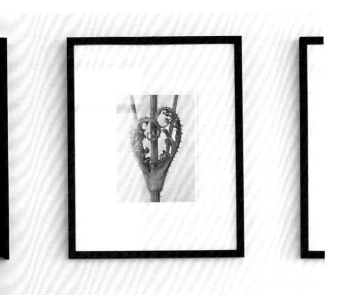

(4)

墙面装饰画就其本身来说，即为一种艺术形式，将照片框架、画芯和系列装饰画悬挂在不同寻常的地方可以达到最佳的视觉效果。

不同的照片按大小比例（图①），以不对称的方式进行排列。与镜子还有其他玩、收藏品等混合摆放，营造出动人的美感。通过黑白对比的装饰画和颜色统一的画框，能维系一种和谐。如果将个人的美好回忆拍成图片作为装饰画，讲述的故事会更加引人入胜。

将一系列的黑白照片以逐渐递升的排列方式放置在华丽的黑色橱柜中（图③），把收藏品一致装裱在带有白色画芯的红色画框中。可视四周的墙壁找出你感兴趣的地方陈列照片。可以将它们沿着墙壁随意排列摆放在地板上，或者将它们放在顺着楼梯踏步向上的架子上。

整齐排放的植物装饰画使室内的陈列更具"画廊"风韵（图②）。装饰画应依据相同内容、主题分类摆放，如采用统一的黑白装饰画或彩色装饰画。尽管每幅画的画芯尺寸大小不同，装饰画框要仍需保持统一色调以达到最佳视觉效果。仔细安排背景墙上每幅画框之间的间距。

全景摄影照片（图④），由于其独一无二的摆放位置，在窗台之下特别突出。黑白色彩的照片给人以极强的冲击力，结束访者留下深刻的记忆烙印。以水平方式将画面展开，就如同翻阅一本书一样，故事被娓娓道来。

用 餐

我喜欢和家人、

朋友一起用餐。

我希望，

在我的餐厅里，

每个人都感到轻松自在，

大家可以围桌而坐，

畅所欲言，开怀大笑。

理想餐厅的
构成要素

在家中，餐厅是变化最少的房间。餐厅里的基本家具和陈设都很少发生变化。发生改变的是我们的用餐方式。房间和陈设一旦就位，我们就可以在开放式空间里享受轻松优雅，在厨房或庭院中用餐，而将餐厅作为非用餐时间家庭活动的大本营，我们的用餐空间比从前更加温暖和个性化。

后页中展示的图片只是布置理想餐厅的几种选择，无论在室内还是室外，将餐厅打造成家中的亮点吧。

如何设计用餐空间

　　餐厅原本是一个简单的空间，但也可以被装饰得充满生机。毕竟，餐厅的主要功能是用餐，所以，要选择优质、舒适的餐具和符合你欣赏风格的家具。

　　可以选择嵌入式或独立式的柜子来存储餐具。餐具柜就是很好的选择，它既可以用来存放餐具，又可以当桌子使用。餐厅里的家具一般较矮，而带玻璃门的橱柜或碗柜较高，可以增加餐厅的视觉高度。

　　这个房间的家具以硬质表面为主，可以布置一些织物来让房间看起来更加温暖柔和。用亚麻布或休闲风格的桌布来彰显木制家具的质感。大鹅绒或丝绸窗帘与烛光相得益彰，为房间更添质感、奢华感和温暖。椅套和沙发套也可以为房间带来色彩、图案和质感。

休闲风格的餐厅

　　这间餐厅布置了舒适的椭圆桌和扶手椅，让每位用餐的人都感到轻松、愉快。

■ **圆桌和椭圆桌变得越来越流行**，因为人们可以围桌而坐，畅所欲言。

■ **酒柜不仅为餐厅增添特色**，还可以存放物品，台面可作餐台使用，上面的柜子可以存放玻璃器皿和餐具，也可以用作陈列柜。

■ **美观的吊灯不仅毫无拘谨之感**，而且为房间增添了节日的气息。

经典样式的餐厅

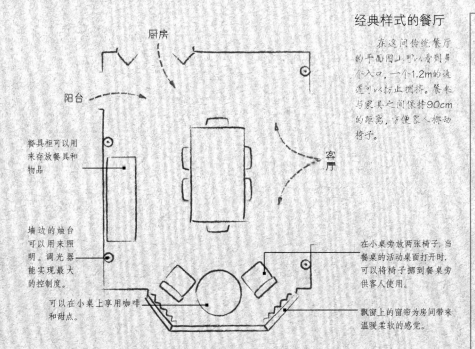

厨房

阳台

餐具柜可以用来存放餐具和物品

墙边的烛台可以用来照明。调光器能实现最大的控制度。

可以在小桌上享用咖啡和甜点。

在这间传统餐厅的平面图中可以看到房间入口，一个1.2m的通道可以防止拥挤。餐桌与家具之间保持90cm的距离，方便客人挪动椅子。

客厅

在小桌旁放两张椅子，当餐桌的活动桌面打开时，可以将椅子挪到餐桌旁供客人使用。

飘窗上的窗帘为房间带来温暖柔软的感觉。

开放式餐厅

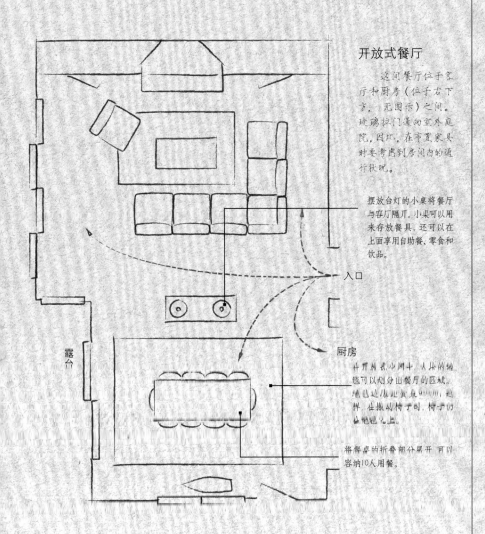

这间餐厅位于客厅和厨房（位于右下方，无图示）之间。玻璃拉门通向室外庭院，因此，在布置家具时要考虑到房间内的通行状况。

摆放台灯的小桌将餐厅与客厅隔开。小桌可以用来存放餐具，还可以在上面享用自助餐、零食和饮品。

入口

露台

厨房

在开放式空间中，人们的地毯可以划分出餐厅的区域。地毯还应当足够大，这样，在挪动椅子时，椅子的腿也落之上。

将餐桌的折叠部分展开可以容纳10人用餐。

你家的餐桌能容纳多少人就座

为防止互相碰撞，至少为每位用餐者留出60cm的空间。

60cm

长方形餐桌

180cm×（81cm~90cm）可容纳6人；

229cm×（81cm~90cm）可容纳8人；

274cm×（81cm~90cm）可容纳10人；

305cm×（81cm~90cm）可容纳12人；

参见第99页来确定你家的餐厅能容纳多大的餐桌。

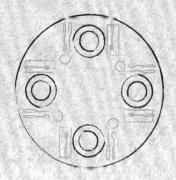

圆桌或椭圆桌

底座可以提供更灵活的座位数，容纳更多人用餐。

圆桌 114cm 可容纳4人；

椭圆桌 168cm×114cm 可容纳6人；

椭圆桌 185cm×114cm 可容纳6人~8人。

从小到大，我们见到的餐厅的风格都是传统、正式、大方的。如今，我们对于餐厅的感受更像是星期五穿上休闲装的感觉——轻松舒适。餐厅的美观主要来自于一些非正统的元素。经典的家具依然要保留，但如今，家具要更加舒适、好用，并与家中的装

重新定义**餐厅**

餐厅的风格轻松休闲，本身并不会让人觉得严肃，而精挑细选的餐具和饰品则会让人感受到正式和庄重。

饰风格保持一致。餐厅甚至不一定是一个单独的房间，可以在开放式空间中设计出一间餐厅，也可以利用空余的房屋作为餐厅，或者索性采用开放式厨房或开放式餐厅的布局。它可以选用非传统样式的家具，餐椅也不必和餐桌配套，还可以挑选自己喜爱的饰品来装饰餐厅。选用带精美花饰的搁架来存放餐具和物品。为了让餐厅看起来干净利落，可以将带玻璃窗格的橱柜悬挂在墙面上，或者将餐具存放在壁橱里。为了让人感到温暖友好，选用休闲风格的饰品（如餐垫、桌布、椅垫和抱枕）来装饰餐厅。用迷人的照片和艺术品来装饰墙面，让餐厅整体看起来个性十足。

新型正式餐厅

如果你热情好客，但餐厅的面积却不尽如人意，而家中恰好有一间会客室没有被充分利用，那么就把会客室打造成一间宽敞的餐厅吧。

有些老房子会有一间会客室，但其使用频率很低，因为家人通常会在大房间或家庭活动室里共处。如果你家的餐厅面积不够理想，而恰好有一间会客室，那何不将它改造成餐厅呢？会客室不仅面积较大，适合作为餐厅使用，而且其结构和布局还会令餐厅看起来更加奢华。壁炉能够让房间很快地温暖起来，还可以将蜡烛和花饰摆放在壁炉架上。嵌入式书架可以用来摆放个人收藏品或漂亮的餐具，营造出友好的氛围。

空间格局点评

曾经的会客室如今变成了奢华、宽敞、经典的餐厅。只需将装饰风格稍作调整，这间餐厅就能够收放自如，"从容应对"各种场合。

■ 红木餐具柜非常适合存酒，还可以在上面准备食物。利用空酒瓶放置菜单非常巧妙，餐厅的视觉效果十分和谐。

■ 亚麻桌旗不像整块桌布那样正式，但一样能符合特殊场合的需要。桌旗不会覆盖整个桌面，人们在用餐时还能感受到木材的质感和美观。

■ 真皮扶手椅与亚麻椅套对比鲜明，传递出温暖舒适的气氛。

■ 餐桌中央的郁金花简单大方，给人以富足的感觉。

■ 壁炉架和书架上摆放着艺术品、家人的照片和收藏品，看上去个性十足。

开放式餐厅

开放式空间能够激发人们的无限创意，在开放空间里打造一个用餐区域，然后再营造出温暖、友好的氛围。

如果你家拥有开放式的餐厅，那你就有了随时、随意地设计房间的机会。设计一间餐厅无需四壁，而只需巧妙地布置家具即可。

如果你想在开放空间里拥有一间餐厅，那么最简单的方法就是铺一块地毯，然后把餐桌和餐椅放在上面。要保证地毯的尺寸足够大，这样在挪动椅子的时候就不会滑到地毯之外。在空间划分方面，存放餐具和物品的家具也能助你一臂之力。例如，吧台或餐具柜都可以充当餐厅和客厅之间的"墙壁"。

空间格局点评

这间位于阁楼一角的餐厅色彩丰富、质地柔和，其美观和舒适度与传统样式的餐厅相比毫不逊色。

■ 房间尽头的餐具柜既充当了餐厅与外界的界限，又保持了空间的开放性。表面光滑如镜的柜子与砖墙形成了鲜明的视觉对比。

■ 各种织物的混搭带来了视觉和触觉享受，带花纹的桌布、天然亚麻制成的褶边椅套、图案精美的地毯和闪闪发亮的餐具将餐厅打造成理想的用餐之地。

■ 嵌入墙面的搁架既可以充当餐具柜，又可以作为摆放艺术品的展柜。

■ 餐具的摆放也是一大亮点，既易于取用，又颇具艺术感。捆好的成套餐具也非常便于摆放。

空间格局点评

　　这间现代风格的餐厅依旧配备了传统样式的餐桌、椅子和橱柜，虽然如此，主人独特的设计理念依然展现得淋漓尽致。

■开放式橱柜提供了一个展示自我收藏的机会，还可以将各种物品放进橱柜，取用非常方便。

■墙上的挂画简洁大方，既美观又不会干扰视觉。

■自然主题贯穿于整个房间，餐桌中心的摆设是无花果的枝丫，餐巾上的图案是白杨树叶，麻质的地毯赋予房间休闲的风格。

■桌布的图案是放大的树叶，桌布上面覆盖了一层树脂玻璃作保护层。

古典风格重现生机

　　现在，是时候重新定义"古典"了。用现代方法来设计餐厅，让古典的装饰风格重现生机。

　　餐厅家具的传统配置是一张能够容纳6人或8人用餐的桌子，加上一个橱柜或碗柜，但却没有指定家具的样式和装饰风格。用新方法重新解读传统配置，让古典风格重现生机。

　　许多人不愿将自己喜爱的物品放在餐厅里，其实，如果餐厅里摆满自己所爱之物，那么在用餐的整个过程中，你都可以随时欣赏它们。将银器或餐具当做艺术品，把墙壁变成展示照片和画本点的回廊，用风格简单的饰物装饰桌面，只是们持有简约的风格，但摆桌中心的装饰品一定要引人注目。各种物品的搭配要体现出古典与现代风格的对比，例如把银器具和简单的白色餐具搭配。

照明选择

　　餐厅里照明的基本要素很简单：间接光线优于直接光线；台灯和烛台发出的光线会让客人感到愉快；灵活性是关键要素。设计一个多功能的照明方案，这样就可以根据时间和场合对照明情况进行调整。

　　间接光和直接光照明的结合对餐桌来说最为适用，因为你也许会用餐桌来进行除用餐之外的其他活动。枝形吊灯是最常见的环境照明装置。吊灯、嵌入式射灯和壁灯搭配使用可以提供环境照明和工作照明。调光开关带来了更多的可控性和灵活性。局部照明具有渲染的效果：用镜画灯或聚光灯来渲染物品的艺术气息，多使用烛光来营造气氛。

　　选用的照明组合一定要传递出自己的心境。例如，烛台可以营造出闲适的氛围，而细蜡烛则适合更正式的场合。

　　（图❶）**悬挂适当的吊灯**既能保证餐桌上的光线充足，又不会让人感到炫目。吊灯的尺寸应和餐桌的尺寸相当，且不可阻挡视线。

设计方案：吊灯的设计

　　多大尺寸的枝形吊灯最适合你家的餐桌呢？量一下圆桌的直径或方桌的宽度，用得到的数字减去30cm来确定最合适的吊灯尺寸。例如，如果你家的餐桌宽度为105cm，那么吊灯的直径应为76cm，这个简单的方法可以保证吊灯的尺寸刚好适合你家的餐桌。吊灯位于餐桌四面以内15cm最为合适。

如何悬挂枝形吊灯

　　如果你家的天花板距地面的高度为2.4m，那么吊灯底部应高于桌面76cm。如果天花板的高度大于2.4m，则高度每增加30cm，将吊灯悬高8cm。无论天花板上的电路是否恰好位于桌面正中央，都要将吊灯悬挂在桌面正中央的上方。可以使用装饰链将电路引向吊灯处，要确保吊灯的悬挂不会产生安全隐患。

吊灯（图 ）

吊灯为厨房工作台和早餐桌提供了充足的直线光。由于灯罩不透明，灯光不能照到很大的面积，所以需要多盏灯来提供充足的光线。

台灯（图 ）

在餐厅里，均匀的光线必不可少。壁灯可以提供充足的光线，但价格昂贵，不易安装。台灯则可以放在桌面上，再配上调光器，照明效果很好，又非常美观。

圆柱形蜡烛（图 ）

环形吊灯上面托着大小不等的蜡烛，营造出独特而惬意的气氛。选用类似的电灯也能达到相同的效果。

枝形吊灯（图 ）

枝形吊灯可以很花哨，也可以很简单，如何选择主要取决于你的风格，而不存在普遍的标准。曾经，只有格调奢华的餐厅才会使用枝形吊灯，而如今，枝形吊灯经常出现在普通人家的餐厅里。通常，吊灯所能提供的照明是不够的，还需要补充照明才能满足要求，可以使用内嵌式筒灯、壁灯或者台灯作为补充照明。

木椅

木椅功能较多，且风格多样。制作椅子所用的木材和工艺会影响房间的装饰效果，喷漆木椅的效果或许最为随意。坐垫会令椅子更加舒适，颜色和图案不同的坐垫还能起到装饰的效果。

扶手椅

舒适的扶手椅让人想要在餐桌边多坐一会儿，你可以依着靠背，全身放松，惬意地享受咖啡和甜点。通常，扶手椅是为主人而备，放在餐桌的一头，但也可以放在其他的位置。如果使用扶手椅，那么关键的一点是确保椅子的扶手和餐桌的底边不会互相磕碰。

椅套

布艺椅套可以为房间带来各种色彩和图案。在餐厅中，椅套的灵活性很高。可以根据季节和场合的变化选择不同的椅套，而且清洗工作也简便易行。

覆面座椅

用织物或软皮革覆面的椅子表面干净利落且触感舒适。这种椅子几乎适用于任何装饰风格。如今，许多椅子的覆面材料都是容易打理的织物和防污耐用的皮革，易于清理和维护。

可堆叠的椅子

轻便的椅子使用起来非常方便，无论是正餐还是便餐，它都能够应对自如。如果椅子闲置，还可以将它们堆叠起来存放。这种样式的椅子为传统的餐厅平添了几分现代气息。

传统样式

经典的美式风格座椅（如温莎椅和希区考克椅）可以为餐厅带来一种传统的感觉。温莎椅的曲线令长方形餐桌的线条看上去不那么生硬，在梯形座椅的映衬下，餐桌显得更高。体积较小的希区考克椅使用起来则非常灵活。

对座位的选择

最好的餐厅是看上去和用起来都让人感到舒适无比的餐厅。如果想要将座椅安排得舒适怡人，那么先选择一个用餐、工作两相宜的餐桌，再根据餐厅的空间选择尺寸合适的椅子。还要保证座椅的舒适度和餐桌旁边的活动空间，应给每位用餐者留出至少60.96cm的空间。

尽量让餐桌和椅子的风格相搭配，可以将古典风格和现代风格完美融合，或者用风格各异的椅子来搭配木制餐桌，在这一方面，你可以展示自己的个人才华。对于搭配的选择是无限的，但要保证椅子的灵活性。要注意，桌腿的位置会影响椅子的数量。在座位安排方面，底座式的餐桌比带腿的餐桌更加灵活。

（图①）**带坐垫的长凳**代替了传统的餐椅。略有磨损的餐桌边摆放着白色木椅，营造出轻松、惬意的氛围。

设计方案：多大尺寸的餐桌最合适？

你家的餐厅能够容纳多大尺寸的餐桌？想要算出尺寸，非常简单，只要量出房间的面积就知道了。

计算餐桌的尺寸

画出房间的平面图，计算出房间的长和宽，标出会影响家具放置的门和窗。指定一个地点来放置餐具柜或橱柜，通常所需的进深为90cm，此时面面与中间点之间应留出小1.2m的空间供人行走。但所有的墙面和家具之间都要留出至少90cm的空间，以便于挪动椅子。将以上几方面确定后，就能算出你有多大的空间来摆放餐桌了。

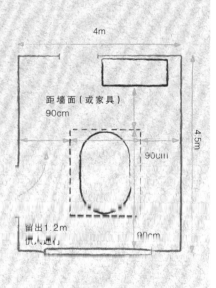

4m

距墙面（或家具）
90cm

4.5m

90cm

留出1.2m
供人通行

90cm

将款待客人变成一种享受的秘诀在于学会让自己轻松起来。如果你已经形成了自己的待客方式，那么就不必每次都大费周章地为聚会做准备了，也许你还会从此爱上聚会的感觉。最重要的是让客人感到自己备受重视，要做到这一点并不需要付出很多时

待客风尚

挚友、美食、美景是不可或缺的聚会三要素，然而，体贴周到的细节和创意则会赋予聚会与众不同的风格。

间和辛苦。举办一场令人难忘的聚会包含许多细节，一定要注重这些细节。在准备聚会时铺上亚麻桌布，将银质餐具摆上餐桌，或者用色彩亮丽的织物和五颜六色的鲜花来装饰桌面；用装饰性的蜡烛或灯笼将房间照亮，还可以用高脚杯来营造觥筹交错的感觉。在座位旁摆上手写的菜单或精致的小礼品预示着一场令人难忘的聚会即将开始。巧妙的个性化布置会为餐桌平添几分变化。可以用照片、行李牌或迷你黑板制成小卡片，或者用珠子、纽扣或小草编制餐巾环。你的这些小创意会为自己的派对增色，彰显特殊风尚。

极好的实用性

最理想的待客空间能够将聚会的场景与周围的设计巧妙地结合起来，无论是举行正式的晚宴还是欢乐的聚会，都能让你从容应对。

如果你家中的物品数量繁多，需要很大的空间来存放，那么将他们展示出来就是最好的储存方式。这虽然不是什么新创意，但对于餐厅来说非常有效，因为餐厅中的物品大都外形美观，引人注目，如果用于展示则效果非凡。有些人索性随时摆好餐桌，这样，家人会更愿意聚在一起用餐。

覆盖整面墙的搁架上摆满了餐具和高脚杯，装饰的效果非常理想，而且这种装饰方法的实用性特别强，因为你可以在聚会中随时取用各种物品。在人们不常走动的地方设置一个吧台，可以将高脚杯、酒杯、酒品、酒瓶和餐巾放在上面。在照明上多花些心思，将各种光线完美地融合起来，这对于举办晚间聚会来说十分重要。

空间格局点评

休闲样式的家具、风格正式的桌面布置和引人注目的陈设赋予餐厅一种温文尔雅的气质。

■ 黑色的墙壁很适合待客空间的风格。黑色的背景能衬托出玻璃器皿、白色的餐具和银质餐具的质感。

■ 悬挂于墙面的黑板可以用来书写菜单。

■ 装有镜子的吧台橱柜既可用来存放物品，又可充当展示柜，为房间平添光彩。

■ 多角度的照明系统包括带有调光器的吊灯、安装在搁架中和吧台上的嵌入灯以及餐桌上的许愿灯。反光的物品令跃动的烛光更加动人。

空间格局点评

这间开放式房间布置精美、空间充足，是款待客人的绝佳地点。

■ 自助餐桌位于开放式空间中，人们可以从两侧取用食物。这样的餐桌可供多人同时使用。

■ 设置在嵌入式书架上的自助式吧台远离餐桌和人群。

■ 房间和门廊处的座位十分舒适。壁炉边还有宽敞的扶手椅和沙发。

■ 餐盘和餐具分别摆放在餐桌的两头，这样就可以避免出现拥挤的状况。

■ 捆好的餐具样式美观，且比散放的餐具更易于取用和挪动。

■ 用细绳将小扑克牌拴在酒杯上，这样，客人们就不会错拿别人的酒杯。

自助餐

如果想要款待多位客人，那么自助餐是最简便的方式。举办自助餐会时最关键的一点是将房间布置成便于人们走动的模式。

有时，我们想款待多位客人，但却苦于餐厅的座位不足。这时，最简单的解决办法是使用长方形的宽桌，如果装饰简单，餐桌上可以摆放许多食物和餐具。要保证餐桌旁有足够的空间供人们走动。如果条件允许，最好让人们可以在餐桌的两侧享用美食。在布置座位时要尽量为客人创造互相了解的机会，如有必要，可以将其他房间中的椅子搬过来。如果布置几张小桌，客人们还可以围桌而坐，小酌几杯。

欢乐场景

只要发挥一点创意，你就可以在家中举办一场别开生面的晚宴。只需一个创意十足的排座方式和一种欢乐的感觉，一切便尽在掌握之中。

准备一场大型晚宴或许是一个令人生畏的任务，但轻松地款待多位客人也并非没有可能。在家中寻找一个可以充当临时餐厅的地点，可以是卧室的一边或宽敞的门厅。想要让众多客人感到舒适，长桌显然不可或缺。将几张桌子接合在一起，布置成统一的风格，或者租用一张宴会桌都是不错的选择。或者索性用多张小桌来代替长桌，这样可以营造出一种轻松愉快的气氛。将其他房间中的椅子挪到餐厅中使用，或者租用椅子来确保充足的座位。

空间格局点评

宽敞的宴会桌由数个方桌拼合而成，既宽敞又不会显得拥挤。因为餐桌比较窄，所以不会占用太多空间。

■ 混合搭配的椅子在满足使用需求的同时也为房间营造出了轻松的氛围。

■ 在隔壁的书房内备好了甜点，客人们可以在正餐过后享用甜点，互相交流。

■ 客人们一旦走进房间，立刻就能感受到弥漫其中的别样格调。水晶玻璃饰品将菜单装饰的精致可爱，系在椅子上的礼品袋让人倍感温馨。有人在入口处给每位客人拍摄照片，然后将照片贴在相应的席次卡上。小冰桶里盛上香槟，再配上吸管，为房间平添欢乐的感觉。

■ 休闲的装饰风格赋予宴会轻松愉快的气氛。亚麻制成的桌布和随处可见的康乃馨花环让客人们倍感惬意。

将鲜花盛在外形美观的容器中会达到事半功倍的装饰效果，还有所选的鲜花一定要纯朴自然。

（图1）其实不必非要将鲜花摆在餐桌中央，可以在小奶油盅里插上一朵鲜花，然后摆放在每个餐位处。这样的巧妙安排能够让客人感到十分特别。奶油盅上写了每位客人的名字，宴会结束后，客人们还可以将它们带走。

（图3）色彩鲜亮的纸袋与其他容器相比毫不逊色。将纸袋套在其他并不显眼的容器上还能起到装饰的效果。每个纸袋里面都盛满同一种类的鲜花，在纸袋的映衬下，鲜花显得格外美丽动人。

（图2）长而窄的花瓶衬托出郁金香的朴素风格。白色的陶瓷花瓶较矮，不会阻挡视线，其典雅的格调还会令餐桌增色不少。在壁炉架或餐具柜上摆放饰品也是不错的选择。为达到事半功倍的装饰效果，只选用一种鲜花即可。

（图4）高杯中的植物十分惹眼，为餐厅更增一抹亮色。错落有致的布置看上去很别致，桌面上的小玻璃珠通常是用来填充花瓶的，在这里被巧妙地排成了桌旗的模样，视觉效果非常突出。

每当想到家庭，脑海中就会浮现出家人围坐在一起共享美食，其乐融融的场面。对许多家庭来说，家人相聚最多的地点便是餐厅。每天，我们在此回顾一天的时光，互相交谈；有时，我们在此聚会，共度美好时光。无论你家的餐厅是传统样式还是开放式，

布置餐桌

餐厅常常是家中的大本营。对餐厅的布置既要满足使用需求，又要反映出主人的意趣。如果能做到这一点，那么家中的餐厅也会成为家人和朋友们的挚爱之地。

一定要保证它能够满足家人的各种需求。无论是节日聚会，玩游戏，还是日常活动。选择耐用的家具是明智之举，而且家具和餐具还要易于装饰，以便适合不同的场合。餐厅在家中的地位特殊，所以要用家人喜爱的物品进行装饰。家人的收藏和艺术品也会为餐厅平添几分特色和暖意。可以经常更换餐桌的摆设和餐厅的装饰，以此来迎合季节的变迁，让新鲜感常驻。

乐享四季

每当家人和朋友们齐聚一堂，都要把餐桌布置得赏心悦目，充满节日气氛。

如果你想要举办一场家庭大聚会，并不需要为了布置餐桌而大张旗鼓，绞尽脑汁。只要想想当季的特点，便会生出无限创意。先将背景布置成白色或其他中性色，这样，无论餐巾、桌布和餐具是什么颜色，都可与之相配。

餐桌中央的饰品一定要色彩自然，无论选用丰收时节里大地的颜色，还是春日中柔和的颜色均可。可以用应季的花草、葫芦、小浆果或枝条来装饰餐桌。另外，蜡烛也是不错的选择。在每个餐位处摆放一个高脚杯，让优雅的格调在杯盘间弥漫。

空间格局点评

这张餐桌为节日欢聚而设，色彩丰富而饱满。虽然桌面布置得十分简单，但丰富的色彩和匠心独具的装饰风格令欢乐的气氛瞬间绽放。

■ 简约的白色餐具适合各种装饰风格，再配以各式各样的小物件，餐桌被布置得清爽怡人。

■ 南瓜成为餐桌中央的饰品，植物的枝条和蜡烛也为餐桌平添几分自然意趣。

■ 儿童桌会令小朋友们感到很特别。有了儿童桌，他们就可以像大人们一样围桌而坐，享用美食了。桌上的餐具方便耐用，旁边的画笔和用作餐具垫的画板定会让小朋友们开心欢畅。

■ 创意十足的席次卡鼓励人们享受美食，互相交谈。

空间格局点评

可进餐式厨房是理想的聚会地点，其舒适惬意的装饰风格让家人和朋友们流连，在此共度美好时光。

■ 长凳让人自然回忆起户外野餐的欢乐时光。而对孩子们来说，长凳也是非常好的选择，便于他们出出入入。柳条编成的椅子美观大方，起到了装饰房间的作用。

■ 白色的餐具、明快的色彩、葱郁的植物和自然的格调令人感到轻松舒畅，仿佛置身花园之中。

■ 视线所及之处皆有家人的收藏品，那种自豪感油然而生。

家中的大本营

休闲风格的可进餐式厨房温馨宜人，在此，人们会感到轻松自在，无比舒适。

可进餐式厨房对家人和朋友们有一种特殊的吸引力。对家人来说，这种厨房使用起来十分方便。当父母准备晚餐的时候，孩子们可以在旁边做作业。这种厨房也特别适于款待客人，因为有足够的空间，所以客人们可以在此休息、交谈。

可进餐式厨房的装饰风格要尽量给人以舒适自在的感觉。以装饰正式餐厅的认真态度来装饰可进餐式厨房，同时，也要充分利用其不拘礼节的特点，将自己的风格融入其中。为体现厨房的重要性，将自己喜爱的物品和纪念品摆在其间，让美好回忆时刻浮现。可以用收藏品或家人珍视的物品来装饰厨房，也可以是收藏品，或是孩子们的画作，或某次夏日旅行时带回的贝壳，抑或是家庭旅行时收集的纪念品。这样，厨房间就会个性十足，趣味盎然。

关于存储

最理想的户外空间设计会让房屋和庭院浑然一体，让美妙的户外生活如同室内生活一样便利舒适。

只要家中的餐具保持美观整洁，你就不会"喜新厌旧"，这就意味着你要好好保养餐具和其他用品。要做到这一点，不必非要制定出一套规则，而只需要一些常识性的存储方法。有了这些方法，家中的餐具和其他用品就能时常光洁如新。

无论你想要将喜爱之物散放在外还是集中收纳，首要考虑一定是保证安全性。许多餐具的表面脆弱，容易磨损，因而需要足够的空间和适当的包装来妥善保管。最好将每日都要使用的物品（如餐具、陶器及坚固的玻璃器皿）放在方便取用的地点，而对容易损坏的物品（如陶瓷、玻璃制品、高脚容器、银器）采用特殊的保管方式。

（图 1）有了覆盖整面墙壁的开放式搁架，立刻变身为现代版的储物室。可调整的搁架适合存放不同高度的物品，放在架上的篮子可以用来收纳桌布和餐具。不常使用的物品可以存放在搁架高处的篮子里。

设计方案：餐具的保管

聚会结束后，就要将各种物品收起来，对于不常使用的物品，要采用一些特殊的方法来保管。

可以选用带衬垫和拉链的收纳箱来保管细瓷制品，有各种尺寸的收纳箱可供选择。当然，自己制作收纳箱也是不错的选择，收纳箱做好后，可以用泡沫作为衬垫，再用硬纸板把空间隔开，这样，就可以将形状特殊的调料汁瓶和陶罐放在里面了。还有，一定要选用不含酸的硬纸板来制作收纳箱，还要用毛毡或泡沫来保护陶瓷制品。为保护餐具，可以在餐盘之间放置软垫。不同规格的软垫都可以购买到，当然也可以自己动手制作。

■ 应使用性质温和的清洁剂（不含漂白剂或柠檬香）手工清洗细瓷制品。即使未使用，也应每年对餐具进行清洗。餐盘的堆叠高度不可超过20cm。

■ 应将质地细腻的亚麻制品摊平并用无酸的纸张包好。应将其卷起存放而不要折叠，以免发霉或褶皱。

■ 最好将银器存放在铺好防污布的抽屉或箱子里，或者用无酸纸（不可使用塑料、毛料、毛毡、报纸、油毡革）将其包好，存放在聚乙烯袋中。

■ 应使用性质温和的清洁剂在热水中手工清洗玻璃制品及高脚器皿，然后将其存放在搁架高层或带衬垫的箱子中。

（图 **1** ）将玻璃器皿存放在一组浅搁架之上，按照物品的高度调整搁架，再留出约 3cm 的空余距离，以便取用。玻璃制品在搁架上应保持直立的状态。

（图 **2** ）应妥善保管酒杯及高脚器皿。将酒杯倒挂在架子上，这样，杯子中就不会落上灰尘。

封闭式存储

（图 **3** ）将玻璃制品、餐盘、茶杯整齐地存放在瓷器柜或带玻璃门的橱柜中，为房间带来干净利落的感觉。因为许多餐具的外形都非常精美，所以陈列式的存储会让人眼前一亮。此外，内置式的橱柜还可用于存放不常使用的物品。

开放式存储

（图 **4** ）安装在餐具柜上方的搁架适于存放日常用品，这种存储方式也非常适合准备自助餐。在餐具中间加上一两件纪念品，这样，餐具架就成为餐厅里的一件装饰品。

（图 **5** ）将银质餐具装为每个人准备的防污袋之中，然后卷起捆好。这种存储方式便于摆放餐具。

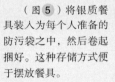

（图 **6** ）将不锈钢餐具和其他日常使用的餐具存放在玻璃容器或其他美观的容器内，这种存储方式既简单又便于使用。

户外用餐不仅让人心情舒畅，而且就连食物都会变得更加可口。让我们好好利用这一点，在露台上、树荫下、或泳池边尽情享受美食和美景。在户外款待客人也是极好的想法，因为，户外宴会的准备过程本身就是一种享受。你只需做好一些细节方面的准备，

在户外**用餐**

无论是在自家后院里，还是在山坡上，是在小河边享受美食都是一件令人心驰神往的乐事。让我们融入自然，享受无与伦比的舒适与惬意。

如布置桌椅、调好光线，把装饰"餐厅"的任务放心地交给大自然。无论家中只有一个小阳台，还是拥有宽敞的后院，你都可以在温暖的季节里尽情享受户外用餐的愉悦。想要实现户外用餐，第一步就是配备合适的家具。如今，防水的家具和纺织品随处可见，你完全可以放心享受户外生活，而不必担心天气的影响。接下来就是要营造一种轻松愉悦的气氛（包括减轻自己的工作量），以家庭聚餐或自助餐的方式来款待客人，让他们感到轻松自在。如果聚会上有新朋友加入，记得要尽量融合气氛，让人家能畅所欲言。

湖畔餐厅

阳光灿烂的日子里，在湖边享用美食简直是一种美妙绝伦的享受。在布置餐桌时，要尽量选用风格休闲且耐用的物品。

临水而餐总会令人心驰神往，倍感轻松。布置餐桌时，一定要保证其与四周的环境自然地融为一体。餐桌的风格应简约而休闲，可以选用色彩明快、质地轻盈（耐洗）的桌布和餐巾，以及美观的玻璃器皿和耐用的搪瓷制品。

想要让户外聚餐的气氛欢快活跃，最好的选择就是自助餐。将室内的餐桌搬到户外，然后使用坚固耐用的餐具盛装食物和饮品。用餐地点最好靠近厨房的窗户。这样，食物就可以通过窗户进行传递，对厨师和主人来说都非常方便。

空间格局点评

湖边的露台上摆放了一张精致而实用的餐桌，为夏日用餐提供了一个美好闲适的地点。在此用餐给人的感觉宛如夏令营般轻松惬意。

■ 适用于各种天气的餐桌和家具与周围环境完美融合，无论是享用美食还是玩游戏，这里都是一个绝佳的地点。

■ 红白相间的色彩搭配以及方块、条纹和格子图案为周围环境平添活力，让人感觉神采飞扬、心情舒畅。

■ 休闲风格的饰品，如彩色靠枕和条纹图案的毯子与坚固实用的家具彼此搭配，让人感觉柔和舒适。桌上的餐巾为厨房用纸巾，非常实用。

■ 用旧金属牌制成的搁架被置于窗台之上，成为便捷的服务台。厨师可以通过窗户将食物放在搁架上，由客人自己取用。此外，这样的安排也令餐后的清理工作变得更加轻松。

空间格局点评

在这间邻近泳池的餐厅中，蓝色和白色的搭配营造出休闲的氛围，与人们在漫漫夏日中的晴朗心情交相辉映。

■ 餐厅的奢华与户外风格的饰品令人倍感明朗舒适。

■ 户外壁炉延长了享受户外生活的时间。

■ 大海的颜色遍布于整个房间。从椅子上带图案的靠枕到印花餐具垫，再到耐用的亚克力餐具。这样的装饰风格虽然简单，但却极具优雅风范。

■ 整间餐厅遍布航海主题的饰品，其中还包括用来固定餐巾的书夹。

在水池边用餐

水池和露台堪称夏日聚会的天然背景。色彩鲜明的餐桌傍水而立，与大自然融为一体，在这里，客人们定会流连忘返。

如果家中有泳池，那么在泳池边用餐就会成为绝佳的户外享受。在如此动人的环境中，你只需略加准备就能献上一场令人难忘的聚餐，装饰风格要尽量简约，这样，你就会拥有更多时间与客人交流。

先从简单的烤肉聚餐开始吧。如今，用柳条编制的家具随处可见，且色彩丰富，此类家具会自然而然地唤起人们的好心情。在餐桌边摆放几张柳条椅，再放上坐垫和靠枕来保证舒适性。用蓝色和条纹图案的饰品来装饰餐桌，会营造出一种宛如置身海边的好心情。在夏日黄昏的阳光下，蓝色的家具和餐具都会唤起人们对大海和蓝天的遐想。如果家中的门廊为露天式的，记得要备好遮阳伞，以防调到强烈阳光或有阵雨的天气。

田园风格的布置

如果想在户外用餐时体现自己的独特风格，那么，先根据用餐的地点来确定一个合适的主题，再加以各种饰品，将这一主题贯彻到底。

一旦选定了夏日朋友聚会的地点，那么就要根据聚会的特点来确定一个合适的主题。如果主题与周围的环境协调融合，那么举办一场令人难忘的聚会就会变得容易许多。餐桌的布置要根据你选择的主题来确定。可以是非正式的丰收时节午餐会，也可以是雅致的露天宴会。餐桌中央的饰品可以用附近生长的花草和枝条来制作。不要在户外餐会上使用室内的餐椅，应尽情发挥创意另作安排。如果在公园里用餐，那么可以使用长凳作为餐椅。如果用餐地点在谷仓后面，那么不妨将干草捆好用作餐椅。为便于清理，可以选用一次性餐具盛放食物和饮品。

空间格局点评

在洒满阳光的谷仓边，田园主题的餐会与周围环境融合得天衣无缝。从座位到桌布，再到餐桌中央的饰品，所有的灵感都来源于周围的环境。

■ 将干草捆好用作餐椅是个绝妙的创意，座位上面的漆刷可以用来扫掉散落的干草。

■ 粗麻布制成的桌布将折叠桌完全覆盖，一条狭长的亚麻布将餐桌中央的饰品衬托的更加美观大方，而餐巾则是小巧的厨房用毛巾。

■ 围绕主题而设计的小细节（包括手推车式的冰桶以及悬挂在耙子上的露营灯）营造出一种快乐而无忧无虑的气氛。将一束束不加装饰的野花直接放入风格简约的玻璃容器内，花儿本身就淳朴大方，根本无需格外装饰。

■ 将外卖餐盒用作餐具，既实用又便于清理。

使用简单的菜单和便携的餐具可以让户外聚餐的准备过程变得更加轻松，更具风格。

（图①）复古风格的瓶架让供应甜品的工作变得轻而易举。架子上的玻璃杯中装有华夫饼和新鲜水果，杯子外面包裹了一层条纹图案的餐巾。这种供应甜品的方式具有怀旧的格调，能让人回忆起儿时在海边度过的欢乐夏日。

（图③）用纸巾和细绳将三明治捆好，餐具也如法炮制，这种休闲式的上餐方式令客人们感到舒服自在，而且还可以在聚会前就准备好。

（图②）将用细绳捆好的石头放在餐桌上，以防微风吹动桌布。许多天然的小物件都可做此用，例如稍大的贝壳或光滑的鹅卵石。如图所示，用一根细绳将小石头系在一起，这样比较易于处理。

（图④）将每个人的食物、饮料和餐具全部装进搪瓷锅中，再用绳小意好，这样的包装不易散落且便于携带，让你轻松将所需物品拿到后院或就餐地点。

烹 饪

"厨房是我家真正的

核心地带，

也是最令我倾心的地方，

大家相聚于此，

我可以边做饭，

边和他们交谈，

共享这段美好时光。"

打造厨房的
成功元素

厨房已经成为独立的生活空间。它一直是家庭生活中不可缺少的，但是如今，我们在这度过的时光、做过的活动比往日更多。此外，厨房的面积也变得更大，厨房也更具开放性，与其他房间一样，厨房中铺设了木质地板，配置了家具风格的橱柜，装饰了如艺术品、收藏品之类的物品。与此同时，厨房的各类器具与设施更具个性化，其时尚与前卫的理念可以与家中其他部分相媲美。

在后文中，我们提供了一些关于厨房装饰的最新设计理念，可帮你打造一间功能实用、设计精良、令人轻松愉快和温馨舒适的厨房。

厨房设计

在厨房规划中，比设计风格更加重要的是对其功能的考虑。合理规划厨房的关键是建立一个有效的工作三角区。

经过长期检验的厨房设计方案才是合理的。规划厨房总是从设计工作三角区开始。简单地说，工作三角区的设计就是水槽、灶台以及冰箱的摆放位置。一个有效的工作三角区能够让你在烹饪过程中行走的距离最短。理想情况下，工作三角区的各边长在1.2m～2.7m间，总长度在4.9m～7.9m间。这个范围还包括安装操作台和存储区所需的最小空间。理想情况下，水槽下应有60cm的空间放置洗碗机，同时把水槽和灶台之间的区域76cm～120cm作为操作台，这是你会花大量时间烹饪的地方。

如果家中经常有两人同时使用厨房，在岛型区域的中心围绕另一个水槽再规划一个烹饪区域是个不错的选择。把一个岛型或半岛型工作区列入规划之中会为两个厨师提供更多的工作空间，同时也能保证工作三角区在室内通道的外部（详见右页）。因为人们在三餐中经常使用冰箱，所以冰箱最好放置在烹饪区域的外边缘，这样无论你是在烹饪还是想简单地吃些零食，使用冰箱都会方便许多。

家庭厨房

这个厨房（前页及本页）的特点是有一个超大型的岛型厨房，一个相连的餐桌也被纳入其中。餐桌是家人沟通和会餐的核心地带。

■ **有效的工作三角区** 将不锈钢水槽安装在岛型厨房的边缘，这个有效的工作三角区不会占用室内的通道。

■ **田园风格的水槽** 田园风格的大水槽就安装在烹饪区的旁边，便于孩子们和其他人使用。

■ **操作台的高度** 不同的用处对操作台的高度要求也有所不同；就餐和放置烤箱时，理想的桌面高度是76cm；和面时操作台的理想高度是71cm～81cm。

■ **操作台和存储区** 在这个L型的结构中，操作台和存储区占用空间最大。

U形餐厨一体式格局

将餐厅与厨房以U形的方式进行组合是最具效率的设计方法之一。其优点在于延长了工作台长度，扩展了储藏空间。

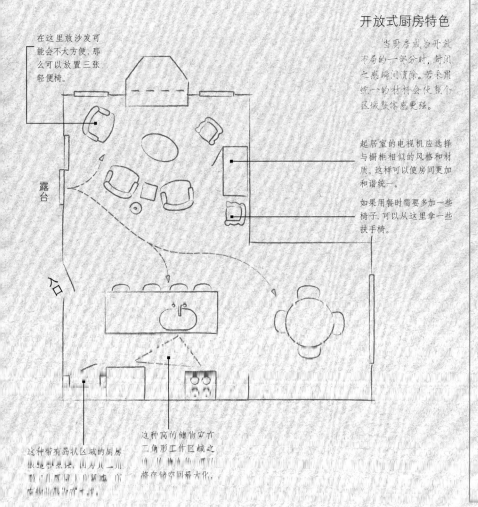

起居室

储藏室

用餐区

椭圆形餐桌是个不错的选择，可以让一个较狭小的用餐区域看上去更宽敞。因为其圆形桌角能节省空间。

可以将食品杂物放在上面，这样可以保证距食品储物室和冰箱都很近。

主食材准备区的长度占柜台的1.2m。

三角形工作区域并不妨碍人们的走动。

每个走廊的宽度都为105cm。这是烹饪区所要求的最小距离。

开放式厨房特色

当厨房成为开放布局的一部分时，封闭之感瞬间消除。若采用统一的材料会使整个区域整体感更强。

在这里放沙发可能会不太方便，那么可以放置三张轻便椅。

起居室的电视机应选择与橱柜相似的风格和材质，这样可以使房间更加和谐统一。

如果用餐时需要多加一些椅子，可以从这里拿一些扶手椅。

露台

入口

这种带有岛状区域的厨房 …… 烹饪，因为三角形区域 …… 将存储空间最大化。

这种高的储物架在三角形工作区域之 …… 将存储空间最大化。

标准沙发款式

无论沙发是什么款式，最好的沙发能够帮你改变房间的外观。在选择沙发款式时，中性色调是最好的选择，并且应永远把舒适度放在第一位。

岛的大小：

理想的岛式工作平台至少要90cm高、66cm深。早餐台要比工作台高，达到1.2m高（便于凳子摆放）、至少36cm深。

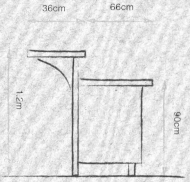

36cm　　66cm

1.2m

90cm

空间要求：

岛式工作台要安放在至少2.4m×3.5m的地方。

工作效率：

如果两位厨师同时工作，在岛内可以增加一个水池，双重准备，以提高效率。

材质选择：

可以选用和橱柜用料相配或相同的材质，但许多厨师选择与周围台面不同的材料。如果你喜爱烘焙，可选择大理石台面以方便面团保持低温，易于烘烤，也可采用完全不同的材料。一个独立式农家风格的餐桌或一个不锈钢工作台会为岛式厨房增色不少。

存储空间的分配：

…… 较深的储物架中，玻璃器皿放在餐台一侧较浅的架上。岛式工作台下方的开放式储藏空间是大型厨房设备的绝佳地带。

巧妙的规划是一切设计的开端，特别是在厨房的设计上。厨房同其他房间一样，必须是一个能给你带来视觉盛宴和感官享受的地方。然而厨房又是一个你辛苦劳作的地方，最重要的是，你的厨房一定要适合你。幸运的是，如今，人们总能从层出不穷的设计

打造专属你的
理想厨房

最佳的厨房是集烹饪、休闲及娱乐为一体的多功能生活空间。厨房，让回家成为一种快乐，让烹饪成为一种享受。

中获得灵感，从而打造出一款专属自己的理想厨房。首先要看你如何利用这块空间。你喜欢做美食吗？还是忙碌的生活方式让你更多地选择速食食品？完美的厨房可以使每日常做的事，做起来更舒适、轻松。如果你和你的家人喜欢一起烹饪，那么就要确保每个人都有独立的工作空间，还要考虑多安装一个水池。

如果你喜欢娱乐，开放式厨房可能是你最佳的选择。这样你可以在准备食物的同时与家人同乐。你的厨房里还可以增设一个储物间、早餐吧台或洗碗间，配备两个洗碗机或一个酒柜，或者摆放你梦寐以求的厨房工作台。大胆想象，精心设计。与其他房间的设计相比，厨房的设计需要更加注重细节，但这一切都是值得的。

现代经典

对于现代厨房设计而言，以前庄园中厨房的实用性和功能性，是十分值得借鉴。

你想要拥有一个配套设施先进的厨房么？让我们来回顾一下过去厨房的设计。白色的橱柜、上釉的瓷砖、石质的台面以及不锈钢的配备设施，这些设计元素让人们回想起那些有着历史感的庄园中的厨房。在现代家庭厨房的设计中，这些材料依然适用，这与当时他们备受青睐的原因一样，那就是经久耐用。宽敞的岛型工作台是庄园式厨房的另一个特点，它能容纳多个厨师在其中轻松自如地工作。而内置于岛型工作台的另一个水池可以让工作三角区的空间布局更加紧密，方便厨师烹饪，节省操作时间。曾经家家都有的储物间，如今又出现在了现代厨房中。储物间替代了橱柜，节省了空间，这样我们就可以安装更多的窗户，窗户在厨房中是非常有用的。

空间格局点评

这间宽敞的厨房融合了传统材料和先进设施，既时尚又实用。

■ 一个特大型的岛型工作台占地面积比较大，却提供了一个令人羡慕的操作平台，操作台开放式底座设计提供了全方位大容量的存储空间，将其体积减到最小。

■ U型布局缔造了一个高效的工作三角区（冰箱放在炉灶的右边，并不显眼）。在该区间内安置的另一个水池让这个工作三角区的空间布局更加紧密，并且不会挡住过道。

■ 走入式储物间位于炉灶那面墙后，这样就无需在厨房安置大量的橱柜，取而代之的是宽敞明亮的窗户。

■ 多种材质的和谐搭配以及锡制黑白两色的配件，让这个厨房更具吸引力。放置于灶台壁龛中间的定制的调料柜也是该设计的一个简单而重要的亮点。

家庭主厨的明智之选

如果你喜欢烹饪，想要一个更便于准备食物的地方，欢迎使用该系列厨房用具来装备你的厨房。

商用厨房是专业厨师的领域，但你可以从中加以借鉴来改善自己的厨房。饭店厨房里的一些厨具只需稍加改进即可广泛地适用于家居厨房。选择你喜欢的厨具风格。例如，大理石桌台便于油酥面团定型；厨灶上的旋钮有助于快速煮沸食物；岛型水槽可简化清洗过程。

空间格局点评

以岛型工作台为中心，这间厨房借鉴专业厨房的模式和储物方式，专为热爱烹饪的人士而设计。

■ 一个饭店风格的炉灶和长颈的水龙头在一个流水线上，方便摆放瓶瓶罐罐；一个厨具壁挂方便我们频繁而有序地使用厨具。

■ 橱柜的每一层都有充足的储存空间来存放特定的物品。冷却的葡萄酒放置于葡萄酒柜中；一个特制的抽屉便于有序地摆放各种调料罐。

■ 像搅拌机、烤面包机这样的小型厨具是家庭专用厨具，但它们与专业厨具有异曲同工之妙。

■ 一个内置的柜子可以用来专门摆放食谱。隔板上可以存放烹饪书籍、食品杂志和其他厨房物品。

比起普通的方形小厨房，这种厨房的开放格局使人们感觉更具空间感。半岛式厨房可作为食物的准备区、橱柜放置区及人们聚会的地方。

■ 简单的小饰品和家具与整理好的收藏品融合在一起，产生一种随意的视觉效果。

■ 一扇宽敞的窗户使整个房间充满自然光，这些光线又从明亮的表面和闪闪发光的不锈钢表面反射出来。案板式橱柜使房间充满温暖。

■ 不同形状和大小的红酒杯和集酒器使厨师很容易看到这些杯子里的东西，还可以形成令人愉悦的装饰效果。

■ 将个人收藏品整齐地排列在架子上，可使该房间更具特点。

简单，有趣

如果你只想做简单食品或便当，与其他格局的厨房相比，你可以自由地享受更加开放式的空间带来的乐趣。

对于一个偶尔做饭的人来说，安放在狭窄空间的开放式厨房可作为随意娱乐和进餐的地方。即使是一个小的厨房，也可以作为放松的场所。当烹调所用的必需品都齐全时，可以在这里烹调食品和聚会。将经常使用的烹调原料以及厨房用具放在厨师触手可及的地方，把半岛式或岛屿式厨房融入到整个房间的设计中，使主人在准备菜肴时能和客人聊天。开放式橱柜是多用途的，上部可作为案板。该案板有足够的空间用来准备食物，而且它非常美观，可以在鸡尾酒聚会上用来提供餐前点心。它还可以作为非常完美的餐具柜，将各种食品展开摆放用于自助餐聚会。开放式橱柜可以取代吊棚式橱柜，将厨房用品和餐具陈列于此，扩大了厨房的空间感。使用诸如不锈钢和案板这类单色的颜料和简单的材料，使厨房看起来更整洁。

最大限度地利用空间，对每个房间都是不同的挑战。这可能就意味着享受空间这一财富并为了最大的舒适度来规划它。它也可能意味着创造性地使用每一寸可能被使用的空间来提供足够的烹饪空间，增大存储潜力。无论你的房间有多大，它都需要精心的空

最大化你的
厨房空间

从最大的房间到最小的橱柜，任何空间都能受益于巧妙的设计。布局合理的厨房关键是周密的空间规划。

间规划。在厨房里，这意味着有两点需要关注。首先，需要创造设计合理的工作区（例如准备区、烹饪区、整理区和储藏区）和一个有效的工作三角区（冰箱的摆放、幅度及水槽与前两者之间的关系）。一个考虑周详的平面图提供了以上所需的一切，这样你的厨房就能流畅地运作。另外很重要的一点是任何厨房都要有大量的存储空间。

要想最大限度地达到以上的效果需要结合创造性的存储方法手段：高度不同的架子、抽屉的分布、餐桌转盘、烤盘和托盘架、可拉式架子和篮子，选择是无穷的。以上所有的特点都可以添加到现成的橱柜中，这样你就不需要为了利用橱柜的空间而大改动整个房间。

这个房间可以用作厨房，同时也可以用作餐厅，这个宽敞的空间可以为快餐和大型聚会提供理想的场所。

■ 厨房烹调区被设置成小的三角空间，以期达到更舒适，工作起来效率更高。

■ 中心区的一侧设有一个用餐吧台，该吧台可以为快餐、便餐提供一个使用场所，也可以为主人和客人提供一个空间。

■ 在用餐区有一个古典式橱柜，里边装有瓷器和家庭日用织品，这些物品都触手可及，以上种种物品将其他房间风格上的热情和个性特征带入了厨房空间。

■ 巴特勒风格、白色实木的橱柜与其他开放性空间比起来给人一种极具感染力的、古香古色的感觉。

餐厅式厨房

将烹饪的乐趣、用餐的享受和休闲娱乐集于一身，这是一间带有宽敞舒适的用餐区的实用厨房。

许多家庭渴望拥有一间集烹饪、用餐于一体的房间，来举办或大或小的各类聚会。这个设计保持了人们的热情，而这种热情正是餐厅式厨房最突出的价值之一，同时这个设计增加了一种不同寻常的空间感。将餐厅与厨房合为一体，可以使你更好地感受家居布局带来的情感流动。你还可以根据不同的餐宴类型来分配厨房的不同区域。工作日早餐、日常午餐和快餐，都可以在作为厨房整体设计一部分的用餐吧台上解决；家庭晚餐和晚宴聚会则可以安排在专用就餐区的大餐桌。厨房的中心岛是休闲娱乐的理想之地，客人们可以在食物准备期间在这里小聚，烹饪的人即使在做饭时也会觉得自己是聚会的一员。餐厅式厨房最和谐的效果是厨房和餐厅的布局可以相互协调，却又有微妙的区别，以此来满足它们各自的用途。

开放式厨房

让小厨房与大厨房享有同样的空间优势。通过合理的色彩搭配与空间布局，即使是在狭窄的厨房里，也可以让你的做饭过程充满乐趣。

开放式厨房——由船上的厨房演变而来。众所周知，船上的厨房狭窄至极，这与许多城镇居民家里厨房的实际情况颇为相似。虽然船上厨房的空间特别窄小，但是我们也可以物尽其用。开放式厨房最大的优点正是烹饪中心地带的有限空间。因为在某种程度上，空间的有限性保证了你在做饭时，厨房里的一切都触手可及，从而使这种小厨房变得令人舒心。但是，这种小厨房也有自身的缺点：存储空间受限，不过，这是可以改变的。以一些厨房里常用的家具设施为例，对于像橱柜那样的储藏设施，我们可以选择浅嵌式；对于橱柜，我们则可以设置成抽拉式平台；对于一些定制的储柜，我们可以物尽其用；而对于那些特殊的电气设施，我们则可以选择小于正常型号的，便于更好地节省空间。

空间格局点评

布置开放性厨房对用材和选色比较讲究。虽然其空间很小，但一套全白的厨具在视觉上会略显扩大。而厨台应选择易保持整洁的材质，从而给人们带来一种开阔的感觉。

■ 最优利用三角区是布置小格局的明智之选。把烤箱，水池以及冰箱（靠墙放置在烤箱的正对面）放在此区域内，便于厨师操作。

■ 不同于标准的橱柜30cm～38cm的规格，浅嵌式橱柜风格简约。其深度只可容纳一排物品，所以能镶嵌在墙上，从而节省了厨台与橱柜的空间。

■ 嵌墙式水龙头突破了小空间的局限，增强了房间的流线感。

■ 隐形抽屉内嵌于白色的橱柜内，整洁美观。

存储空间的
创意性

利用空间的最好途径并不仅仅只是考虑它的实用功能。利用现有的空间并创造出独特的风格，不失为一个明智之举。

在厨房的空间设计上，一个至关重要的考虑因素就是它的储藏功能。几乎每一个人都希望能拥有更多的空间，从而可以容纳下更多的厨具。小小的创意能够为厨房创造更多储藏空间，同时也能为厨房营造独特的风格。由你所能设计的空间开始做起。装饰托盘、篮子、碗和搁物架可把空间区分开来，把每天都能使用的东西，比如餐巾纸和银器放到篮子里，然后再把篮子放在一个便于用餐使用的地方。有空间的地方可以摆设一些装饰品，或其他日常的必需品。把食用油、醋和一些调料放在镶有边框的托盘上，然后再放置于厨房桌台上。

空间格局点评

这个有着十分宽敞的中心区的厨房由固定的和可移动的橱柜组成，从而可以为人们提供许多灵活地选择。

■ 其设计纳入了开放式和封闭式的空间，方便使用那些常用的东西，从而把那些较少使用的部分隐藏起来。

■ 带有图艺把手的篮子能将毛巾、零食和调味料有序地收纳起来。

■ 跳蚤市场上的一些小玩意可以改变储物件的用途。例如，一个用来晾干瓶子的搁物架能作一个茶杯架使用。

■ 艺术餐盘可以把诸如扁平的餐具（刀、叉、匙等）和调味品这些难以收纳的东西变得整齐便携。

■ 对于展示在外的独特收藏品，简装的暖木橱柜、回收木和仿古金属质的排风罩是再好不过的陪衬了。

橱柜的选择

橱柜的选择决定了厨房的风格。因此，在完成空间规划后，首选之事就是橱柜的选择。对于橱柜而言，无论是开放式的，封闭式的，还是混合式，可选择的余地都很大。橱柜的材质、框架以及抛光的面料因风格的迥异而有所不同。这种面框式结构的门在中央嵌板上有所突出，由此显得更为经典。无框架的橱柜为平台结构，它营造了一种流线型的视觉。虽然可供选择的储藏式橱柜样式很少，但却减少成本。许多现有的可被利用的结构使在储藏室的橱柜安装定制的存储附件变得更容易。半定制的橱柜提供了各式的抛光面料和上等的材质与构造。全定制的橱柜提供了高档的精装：自动关闭的抽屉、可拉伸的食品储蓄柜、装调料和刀具的抽屉、脚触式抽屉，可供选择的橱柜样式很多。

与不锈钢架子结合在一起的**木低柜**（图❶）能有效地利用整面墙，并且使墙面看起来更美观。混合式的储藏是个明智的选择，既能让人捕捉到醒目的物品摆放，又可以有效利用柜门后的实用空间。

食品储藏的设计方案

以往的食品储藏室通常是与厨房分离的，其用于放置厨师所需的各种原料。如今的食品储藏室的概念有了新的解释，它包括嵌入式的厨台，或者是独立的橱柜，而且经常被做成带有一排特殊的储藏装置。在一个大范围的储存领域内，架子展开后只有一个罐子或盒子那么深，所以被存放的物品一目了然。你不但可以立即找到所需之物，还可以从后面取出相关的物件，而没有必要移走前面的物品。食品储藏柜的实用性与大小无关，甚至也可把它修建在一个不起眼的地方，比如说在楼梯的下面，在地下室台阶的两侧，或者是在厨房的某一处未利用的角落。

■ 利用好装置，比如门梯、外开式或展开式的篮子和架子、盛调料的旋转小架。为了最大化利用食品储藏柜的空间，应确保你能够将位于橱柜里面或壁橱里面的物品取出来，因为这些物品在后面不易取出。

■ 安有柜门的架子增加了食品储藏柜的空间利用率。所有安置在这里的架子在前方都应该有一个限制，从而防止开关门时物品掉落。

■ 给不同的物品创造独立的空间：罐装的商品、烘焙原料、包装食品等，这样便于你找到所需的物品，布局也非常整齐美观。

（如图 2 ）所示，不同的需求会让玻璃门带有不同的嵌板，一些人喜欢这种世纪之交风格的橱柜，它一般带有各式各样的玻璃嵌板，一些人则喜欢那种容量较大的食品贮藏室，玻璃门也会让小厨房显得更为宽敞。

半透明的门。（如图 3 ），在橱柜上镶嵌半透明的嵌板可以使光射入厨房门，不得不说这是一种创新。此时，安装好的毛玻璃门可以实现最大化透光与贮藏，室外灯光可以使碗和瓶子显现出独特的轮廓。

木制食橱，（如图 4 ）。木制食橱一直是厨房用食橱的首选。木材不仅持久耐用，而且容易上色、上漆或上釉，适用于各种装潢风格。构架、嵌板和线脚可使传统食橱的外观别具特色。无框架的木制食橱颇具现代气息。

（见图 5 ），当层压材料与暖色调的木制室内地板或家居组合时，层压的橱柜便呈现出了新颖与美观之感，十分醒目。层压材料不像木材那样易损，而且层压材料既防污渍又抗磨。用乙烯基和层压材料制成的储藏柜比木制储藏柜在无光的、有纹理的、或抛光的表面上选择更多。

抽拉式置物架

在厨房地柜中装上抽拉式置物架，可以使你不必弯腰或者下蹲就能放置或取用物品。滑动托盘与这种抽拉式置物架相似，都可以安装在已有的橱柜之中，并且经济实惠。而两者抽屉式的造型可以防止在抽拉的时候物品从架子上滑落下来。

深型抽屉

与深置物架相比较，深型抽屉更方便储藏和取用物品，这是因为深层抽屉能够使你很容易找到放到抽屉深处的物品并将其轻松取出。当抽屉被分区之后，是收纳瓶子最好的空间，当每一个小的区域都装满之后，则可避免瓶器在抽屉中移动或者倒下。

脚踢式底层抽屉

脚踢式底层抽屉是置于家用器具或者橱柜下面的、在踢脚线位置安装的一种浅抽屉，是有效利用空间的一个绝妙方法。图中所示的这一脚踢式底层抽屉巧妙地利用了炉灶下方到地面的空间，抽屉中可以收放烘烤盘以及各类的器皿和模具。任何橱柜下面都可以通过安装这种抽屉来充分的利用厨房的空间。

隔物钉

隔物钉为规划抽屉提供了灵活地选择。做法是把钉子按进洞里来分隔并用钉子来固定物品。这种自由调节的储物方法可以把几乎所有的容器叠放收纳，如盘子、茶杯、调味品罐及烹调器皿等，让你的抽屉变得井井有条。

中央存储空间

在厨房中央的操作台下方可以分割出深浅不一的储物空间。烹饪区的橱柜深度约60cm，能够放置大的烹饪设备。而在用餐区浅的置物架能够充分地利用空间，各色的餐具使得整个区域看起来很有特色，让人眼前一亮。

可调节式置物架

想要按照你的特定需求来定制用于收纳大小不一厨具的存储空间，一个经济并简单易行的方法是在橱柜的内部安装可调节置物架或者可滑动的抽屉。只要每层中最高的物品和上面相邻的隔板留有3cm~8cm的距离，就能保证你很方便地通过抽拉置物架来存放或取用物品。

操作台下的
储物选择

　　厨房中发挥储存功能最大的就是操作台下部的空间。为了尽最大可能利用空间使设计合理有序，就要定制能满足需要的隔板、抽屉和支架。现在有许多已经做好的配件，可将其安装进已有橱柜中来代替原有搁板，或在原有固定层板基础上再添加一些搁板。例如，在深橱柜中安装拉伸式搁板更便于找到所需物品；在深抽屉中加入隔板将它分隔为四部分；在橱柜门板上安装挂架或者选择可调节式隔板，根据具体存放的物品确定隔板的高度。将物品按大小和用途归类，之后再将每组物品放在它的使用区内，如将锅具放在灶具旁，油类用品放在备品区，毛巾和海绵放在清洁区等。在厨房中将每种物品分类摆放，就不用担心找不到。

　　（如图❶）所示，**位于灶具下方的开放架**是存放锅具的最佳位置，便于用户取用。也可把小家电置于结实的架子上，避免造成工作台面拥挤。

设计方案：根据用户需求进行调整

　　定制橱柜的优点之一是特定的嵌入式储物空间，另一优势也日渐显现——根据不同用户调整工作台高度。标准地柜高度均为90cm，与大众操作舒适度相适应。身高较高的用户可安装高度为114cm的地柜，以免在工作台前感到局促或不便弯腰。工作台面的高度最好因人而异。除调整工作台的高度之外，可能还需修改开放架和单臂烤箱的安装方案以使用户尽可能舒适。

■ **工作台的高度：** 70cm ~ 80cm的工作台更利于用户切菜、揉面及搅拌。多数用户工作时，会本能地向工作台移动以充分伸展手臂。

■ **烤箱的位置：** 烤箱底部应低于腰线，以免用户在移动加热过的菜肴时被箱门烫伤手臂。

■ **拼接的石制地面是一个非常灵活地选择，** 可以随意设计各种样式。这种材质的地板视觉效果十分奢华，且非常耐用。

■ **储物空间的高度：** 当架子与柜子处于视平线与膝盖之间时，用户感到最舒适，不必伸展身体。把物品都存放在此区域是不合实际的，但可以在此处存放一些常用物品。

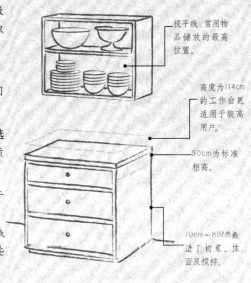

视平线：常用物品储放的最高位置。

高度为114cm的工作台更适用于较高用户。

90cm为标准柜高。

70cm~80cm最适于切菜、揉面及搅拌。

对于大多数人而言，厨房是家庭生活的枢纽。厨房的装饰能够体现出家庭的喜好和品味。然而，在厨房中烹饪和清扫时可能会对其中易碎的装饰品造成损坏，这无疑将花费我们的心思和精力。既然这样，如何利用好这个空间去展现你的个人风格就意味着

秀出你的风格

厨房是家庭中不可或缺的空间。你可以用一些收藏物和珍爱的物品来提升厨房的品位，秀出你和家人的风格。

装饰物要美观耐用。显然我们首先要考虑到的是厨房中与烹饪有关的物品，像每日必备的食谱、器皿、餐具和一些调味醋等，以及复古的桌布、佐料瓶、甜饼罐和茶叶罐等一些收藏物，又或者是老式的厨具，这些都能够给人带来一种视觉享受。

如果你有大量的藏品，就可以随心所欲地置换它们，从而在短时间内改变房间的风格。另外增添一些植物也是一种明智之选。可以把它们栽种在花盆中修剪成艺术造型，或做成干花后悬挂起来。同样，孩子们的手工艺品往往也备受青睐，它会给这个家居空间带来温馨与童趣。

空间格局点评

　　开放式的餐厅和厨房，很好地延伸了空间感，区域划分明显并结合了时尚风格。

■ 岛式操作台用餐区较高，食品储藏区较低，用餐者可以无需近距离接触操作台。

■ 在岛式操作台上设计开放式悬挂餐具架，使两区间的结构更加紧凑。

■ 这个空间应用了相对统一的颜色和材料，且主色调红色随处可见。

■ 餐厅和客厅铺设了天然编织地毯。

■ 宽敞的窗户减少了空间的局促感，让阳光洒满房间的每个角落。

开放式房间的设计理念

　　开放式房间可保持家中设计风格的连贯性，体现各处布局的美并创造出和谐感。

　　你肯定看过或读过一些关于开放式房间的文章，在这些功能多样的房间里，你可选择自己心仪的做饭、用餐和娱乐的方式。设计开放式厨房和餐厅的关键是既将其视为整体，又要从不同角度展现家居风格的全貌。在同一区域，采用风格相近的材料，把墙壁粉刷成相同或相似的颜色，来传达统一的视觉效果。这样可以巧妙地凸显出空间布局，体现开放感。设计可以借助横梁或其他家居用品，如悬壶或餐具架，也可通过家居摆设或精饰地毯来体现房间布局。如果把客厅的设计列入其中，那将是锦上添花。享有的空间越大，越需要设计富有特色的功能区来彰显品位。

简约白

白色厨房，清新淡雅之选

有时，不说话比长篇大论更具影响力。装修也是一个道理。没有颜色也能展现非凡个性。纯白色的风格恰好体现了厨房的必备要素：清新、干净、明亮。要充分展现白色厨房的魅力，充足的自然光不可或缺。想象一下，当你拉开窗帘，阳光瞬间照亮厨房的每一个角落，各式图案映入眼帘，杯盘之光，闪闪可鉴。这将是一个多么温暖、怡神的地方啊！

空间格局点评

纯白的主题，完美呈现出厨房里的每一个细节，使其清新自然，浑然天成。

■ 高光油漆让一个普通的木饭桌瞬间绽放光彩。

■ 墙上的框框架架使你的厨房更具亲和力。

■ 实用且不张扬的材料与固定物品在简约色彩的搭配下，散发出优雅的气质。

■ 开放的储物空间彰显厨房的简约随意。

■ 时尚与古典的餐具同时为厨房锦上添花。就在这白色与透明材料的搭配下，冷暖色变化间，我们看到了一个独具动感与视觉变化的厨房。

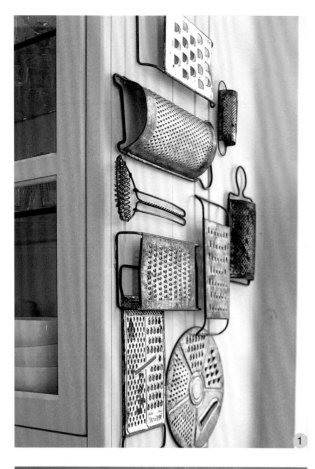

融入了个人喜好的厨房会更富有艺术气息，比如一些温馨的家庭照片、珍爱的个人藏品，都能营造出一个充满奇想与彰显个性的空间。

（图 1），古式食品磨碎器悬挂在橱柜一侧的空白区域。独特的个人藏品总能激发人们的好奇心。因为每一件喜爱之物都会隐含着一个关于其来源的故事，不论是一次难忘的家庭旅行，还是一日跳蚤市场的闲逛。

（图 2），用彩色的图钉对公告板加以固定，装饰效果非很好。覆盖有家庭照片、小纪念品、邀请函以及明星照片的公告板就变成了一个不断变化的剪贴簿，随时向步入厨房的人们开放。

（图 3），一副心爱画作温暖着厨房那光滑流畅的外观。在磅秤上简单地放置两个梨，一幅令人愉悦的静物画就形成了。厨房里精美的艺术品应远离水槽和炉灶，以防水汽和油污损坏艺术品。

（图 4），磁板为覆盖有磁石的冰箱呈现出一种美观的外形。此图中，磁板被固定在贝藏炉和厨房操作台间的面墙上，上面还有每周菜单计划的食谱。

睡眠

"我的卧室是为

绝对舒适而设计的

一个绝密空间。

我想要这个

空间的材料美妙绝伦，

质感柔和，

我最喜欢的纪念品

也会在这里出现。"

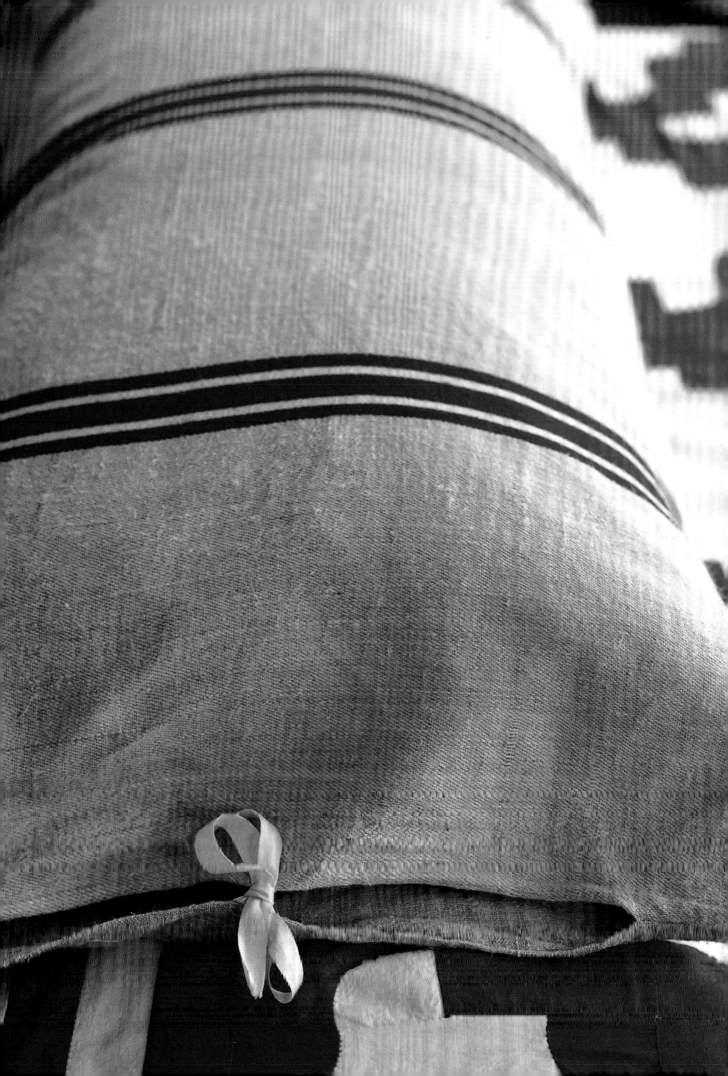

打造一间别致的卧室所需要的元素

　　我们待在家中的时间越长，我们的房间就越应该舒适柔软。在卧室中，我们可能不仅仅会睡觉，有时候也会锻炼、工作、和家人一起小憩或者看电视，如今更是如此。现代卧室不仅仅要安静隐秘，也要具备这些功能。

　　因为卧室的功能更加多样，它们也需要特别的安排，设计风格也要与其他房间一致。睡觉的地方不再是那种传统的设计——一张床、一个梳妆台和两个床头柜。我们接下来向你展示的房间可以为你设计卧室提供新思路和新方法，帮你打造一个功能和舒适兼备的空间。

怎样设计卧室

对于很多人来说，卧室就只是休息的地方，也有很多人把它看做是一个用途多样的地方。不管你怎么看，事实是我们生活中有三分之一的时间是在卧室度过的。要把卧室设计得最舒适、最别致。

在设计卧室格局时，床的摆放位置是首先要考虑的事情。最理想的是把床和床头板摆放在靠墙的位置，两侧分别留出60cm的距离，方便走动或者搬床30cm也够。

下一个要考虑的就是存放了。很多人想把卧室中的存储设计得非常有条理，这可以通过有效地利用橱柜、梳妆台、衣柜、大衣橱、小衣橱或者床下空间来实现。大多数标准梳妆台的深度为51cm ~ 56cm；前面留有107cm ~ 120cm的距离方便开门或拉开抽屉（在比较狭窄的空间内70cm是最短的距离了）。像橱柜和小衣橱等衣柜的深度各不相同，但是前面留出的距离应是一样的。

另外桌子也是必备品。桌上应该有足够的空间放书籍和杂志，还要放一盏既供环境照明又供阅读的台灯，还要放闹钟、玻璃瓶和其他你随时可能会用到的物品。专为其他房间而设计的家具放在卧室内也同样合适：例如可以用带有玻璃门的瓷器厨陈列收藏品，可以用带有架子的桌案存放阅读材料。

一间生活工作卧室

不管是在白天还是在夜间，这个使人宽心的空间都是一个舒适的小天堂。它设计精心，在保证房间的主要功能——休息的同时又纳入了一个工作空间。

■ **一个别致的工作台**安放在窗前，床安放在中央位置，创造出一个单独的工作区，自成一区却并不唐突。

■ **嵌入式书架呈流线型**，非常美观，为工作书籍、个人阅读材料和个人喜爱的物品提供了充足的摆放空间。

■ **多样的光源**为所有的事物提供了充足的照明。在白天分层窗帘既可以使阳光透进来，又可以控制光照的强度，在夜晚则可以完全挡住外面的光。

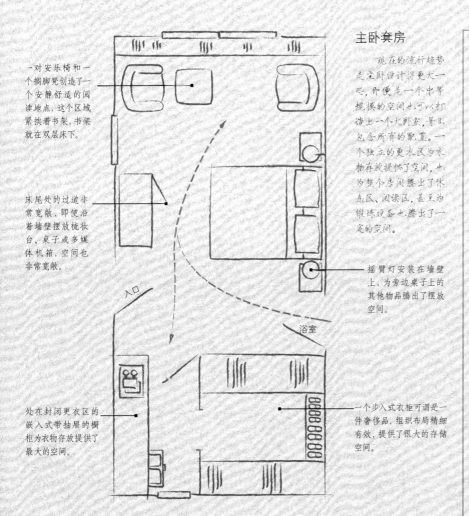

一对安乐椅和一个搁脚舒适凳创造了一个安静舒适的阅读地点，这个区域紧挨着书架，书架就在双层床下。

床尾处的过道非常宽敞，即使沿着墙壁摆放梳妆台、桌子或多媒体机箱，空间也非常宽敞。

处在封闭更衣区的嵌入式带抽屉的橱柜为衣物存放提供了最大的空间。

主卧套房

现在的流行趋势是主卧设计得更大一些，即便是一个中等规模的空间也可以打造出一个大卧室，并且包含所有的配置。一个独立的更衣区为衣物存放提供了空间，也为整个房间腾出了休息区、阅读区，甚至为锻炼设备也腾出了一定的空间。

摇臂灯安装在墙壁上，为旁边桌子上的其他物品腾出了摆放空间。

一个步入式衣柜可谓是一件奢侈品，组织布局精细有效，提供了很大的存储空间。

入口

浴室

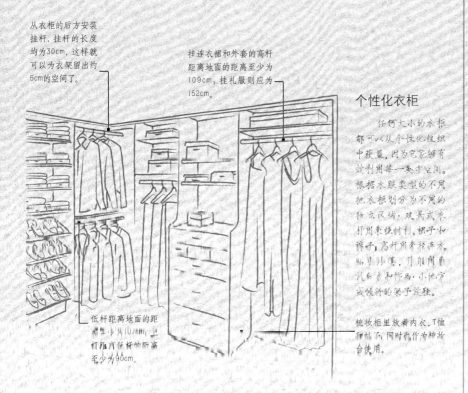

从衣柜的后方安装挂杆，挂杆的长度均为30cm，这样就可以为衣架留出约5cm的空间了。

挂连衣裙和外套的高杆距离地面的距离至少为109cm，挂礼服则应为152cm。

低杆距离地面的距离需要至少为107cm，杆距离高低杆的距离至少为90cm。

梳妆柜里放着内衣、T恤衫并不同时作为梳妆台使用。

个性化衣柜

任何大小的衣柜都可以从个性化组织中获益，因为它能够有效利用每一寸空间。根据衣服类型的不同把衣柜划分为不同的独立区域；双杆式衣柜用来挂衬衫、裙子和裤子，高杆用来挂连衣裙和外套，开加顶重装有配饰等作品，小柜架或倾斜的架子放鞋。

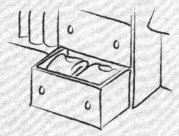

卧室不仅仅是睡觉的地方。它是一处休息之地，在卧室你可以把一天的压力都抛在脑后，重获平静。为了把你的卧室打造成为一个你每个晚上都渴望去的地方，要专门使用能够使你平静的织物和颜色。也许你在休闲会所或豪华酒店曾有过那样放松彻底的

打造一个
休息空间

卧室是家中最为个人的空间。要寻找各种方法，把卧室变成一个你每天结束工作最渴望去的地方。

体会。回想一下那个地方和它带来的感觉，记住那个空间里奢华的织物和床罩、清新的芳香、令人平静的色调和透过窗帘照进来的阳光。这些元素你都可以带到自己的家中。寻找你喜欢的床品布料、抱枕和软枕，把它们放在床上。在卧室内放几束花，增添几缕芳香，令人舒心。窗帘要让白天的日光照进来，晚上的时候可以点几盏蜡烛，温馨宜人。你的周围可以放上家庭照片和你最喜欢的收藏品。普通元素的完美搭配可以使一间普普通通的卧室变成一个个人的休息空间。

自然光照

打造一个自然的清新之地要充分利用窗户，拥抱太阳温暖的光照。

有些老房子会有一间会客室，但其使用频率很低，因为家人通常会在大房间或家庭活动室里共处。如果你家的餐厅面积不够理想，而恰好有一间会客室，那何不将它改造成餐厅呢？会客室不仅面积较大，适合作为餐厅使用，而且其结构和布局还会令餐厅看起来更加奢华。壁炉能够让房间很快地温暖起来，还可以将蜡烛和花饰摆放在壁炉架上。嵌入式书架可以用来摆放个人收藏品或漂亮的餐具，营造出友好的氛围。

透明窗帘在白天既可以保证隐私又能够使光照入房间。选择白色或单色色系，格调轻松愉悦，这样你的房间会变得清新自然。为了使触觉愉悦和视觉享受要选用一些令人放松的织物。

空间格局点评

超大型的窗户和乳白色的色调把这间卧室打造成为一个沉浸在日光中的小天堂。白色的统一运用，穿过层层叠叠的复杂布料，创造一种宁静感。

■ 大窗户上的透明窗帘漫射了日光，白天也能够保证隐私，增加了空间的浪漫之感。

■ 质感丰富的材质到处都是：花边饰、马特拉斯织物和人造毛皮床上用品，还有许多枕头和抱枕以及纹理清晰的羊毛地毯。

■ 一面大镜子放在窗子的对面，反射了房间内的日光。

■ 高炉膛壁炉使得壁炉的火更加集中，当躺在床上的时候也能够看得到炉火。

■ 壁炉旁的几把安乐椅、搁脚凳和一张小桌子使这个地方变成一个舒适的阅读之地。

沉思之房间

　　柔和的色调和巧妙的存储空间消除了外界的一切干扰,使这个房间成为一个让人静心思考的地方。

　　自然界中的柔和色调非常适合卧室:树皮的棕色或灰色和大树的沧桑感,沙石的乳白色,春夏的新绿以及湖水和大海的淡蓝。柔和的自然色配以整洁的表面以及平整富有质感的织物,创造出一个适合沉思休息的地方。

　　把那些能够延伸色彩柔和感的家具和配饰布置在卧室内,设计也要柔和。躺椅、绳绒抱枕、带有软垫的床头板或者带有软垫的立方体,它可以作为床头柜使用。为了增强房间的宁静感,要使视野内的杂乱之物最少,你甚至可以用亚麻面板覆盖架子,这样可以遮住上面放置的东西。要寻求一种视觉上吸引人同时又非常有用的储存系统。篮子适合放在角落和缝隙处,它们还能够增加质感。如果房间内有壁炉或者安全空间,使家具朝向这些地方,利用自然焦点,打造一个沉思之中心。

多彩的宁静

借用一些东方内饰把你的卧室转换成一个可供休息和思考的多彩平静空间。

东方内饰使艺术的宁静感臻于完美。把亚洲元素整合到你的空间内。竹子、丝绸、织锦和地毯，可以在色彩丰富的房间内变幻出一种宁静感。尽管一般认为浅色调才能够创造出宁静之感，即使颜色明亮，异国情趣也可以制造出一种宁静的氛围。

屏风既可作为分割线，也可作为装饰元素，它是一种亚洲传统，极好地诠释了休息空间。在增加房间浪漫感的同时，也要精细划分房间的空间，使用雕刻的或纸质的屏风，或者在天花板上悬挂透明织物，划定区域并漫射光线。

空间格局点评

活跃的颜色和透明的平纹织物创造出一种宁静的氛围，带有远东旅行的浪漫之感。

■ 从天花板垂下的巴里纱在床前形成了一个特别的"亭子"。书架上的尼龙扣搭使房间的直线条柔和起来，在整个房间之内也创造出一种紧凑感。

■ 一张平台风格的床增强了亚洲韵味，也保证了空间的开阔感。

■ 纯白色的床单、浅粉色的羽绒被和丝绸枕头使得艳丽色彩也变得柔和起来。

■ 错综的图案和精心选择的配件——奇勒姆地毯、刺绣亚麻和一个带有亚洲风味的茶壶增加了异域风情。

■ 超大的玻璃门使房间向后院敞开。透明的平纹织物既不遮蔽光线也不会阻挡视线。

床的选择

现在的床比以往任何时候都更奢华更舒适、大小、材料和风格也多种多样。考虑到我们在床上的时间，选择一张合适的床是你在装饰卧室时最有意义的决定。

要记住床的框架比床垫要大得多，所以在选择床的时候要把这点考虑进去。选择一个带有结实床头板的框架，方便阅读时依靠。

如果空间足够大，你也可以选择带有踏足板的床，保证床的完整性。如果空间比较狭窄，就选用一张带有小床头板无踏足板的床。平台床省去了床头板和踏足板，提供了一种绝对简约的风格。不管你选择哪种风格，在两侧和床尾处要留出足够的空间。60cm ~ 90cm 的距离完全够你来回走动。

（图❶）**平台床**是一种非常巧妙多变的风格，因为它没有床头板和踏足板，可以安放在房间的任何位置。在此图中它靠着墙面，床上堆满枕头，使它成为一个供阅读和休息之地。

1

床上用品设计方案

从一套基本的床单到装饰性物品和被套，床上用品提供了一种简单实用的方式，可以让整个房间清爽起来。质量优等的棉布床单每英寸约有 200 条线；每英寸的线越多，床单的质量就越高。每洗一次棉布床单的柔和性和光泽都会增强。注意清洗和打扫方法，可以延长床上用品的寿命。

存放床单、毛毯和枕头要选择一个通风的地方。把床上用品放在无衬的壁橱或抽屉之内，或镂空的篮子或带有开放盖子的纸板盒内以保证其干燥和清新。

■ 床单不要和其他毛巾或硬质材料一起清洗，单独清洗可以使床单的纤维变得更加柔软。

■ 选择温和清洗干燥因为热度会减弱棉花纤维的柔软性。如果你想熨烫他们，则应把亚麻布的制品拿出去，要在还未干透的时候进行熨烫。刺绣或者蕾丝用品要熨烫反面。

■ 对于棉质毛毯要选用温和清洗和干燥，因为它们的纤维结构比较松散，正常清洗会使图案变形。

■ 用可洗的带有拉链的枕套把枕头包住，这样可以保护枕头。按照护理标签上的洗涤说明进行洗涤，选用低温干燥进行干燥。不用的枕头要存放在干燥的地方。

雪橇床

传统木质雪橇床的优雅线条历久弥新。现在，雪橇床也有铁质的了，而且很多都带有经过改良的宽阔床头板。如果你选用传统的木质结构，有各种风格和高度的床头板和踏足板都可供选择。

皮革

皮革让人联想到俱乐部里柔软并奢华的椅子。卧室中，皮革的大胆运用增加了装饰的深度，使床立即成为引人注目的焦点。簇状的皮革床头板，如图中展示的那样，创造了在床上阅读的那种极致舒适感。

铁床和铜床

古老的铁床和铜床的复制品仍在流行。古老的结构需要搭配时尚舒适的床垫，有些规模较小，也许需要定做床垫。新的复制品和原件一样吸引人，而且还更容易买到。

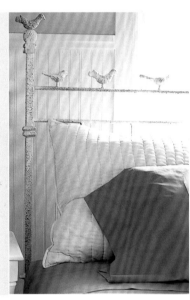

木板

如果你的空间有限，但是仍想要一个完整的结构和稳定的床头板，选用材质纤薄的材料。你也可以选用木板做一个，把它连接在床上或靠在墙面上。用与空间相衬的颜色给床头板着色。

自然纤维

用柳条、藤条、海草和其他的自然纤维做床头板是非常不同寻常的选择。自然纤维结构的简单轮廓使卧室更加随意，带有自然的温暖之感，它们的疏松开阔结构比结实的床头板更加轻盈。

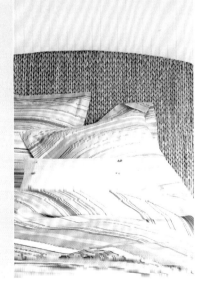

床头套

给床头板套上罩子可以使床更加柔软，还能创造出一个更加舒适的阅读靠背。你的选择是一个组合，为考究的外观选用条纹，或为浪漫之感选用带图棉料。床头套可以装饰床头板，也方便盒下来清洗，以保持其干净整洁。

卧室中存放着我们大多数个人物品，空间在此变得尤为珍贵。空间利用最大化的最明显方法之一就是把物品存放在摆放整齐的抽屉或柜子内，但是还有很多其他方式可以提高空间利用率。利用未被使用的墙壁空间和内凹的角落，特别是那些倾斜的或低矮的

最大化利用
空间

餐厅的风格轻松休闲，本身并不会让人觉得严肃，而精挑细选的餐具和饰品则会让人感受到正式和庄重。

天花板下的空间，这些地方不能放下独立式的家具。把窗座隐藏在采光窗下，在其底部设置存放空间。把其他的物品存放在定做的架子上或内置抽屉内。利用房间的每一个凹处增加空间的利用率和房间的美感。大衣橱和其他各式各样的存储柜对于卧室来说是美观的附加物品。选用比例得当和规模合适的物件也可以在视觉上扩展空间。在一个小卧室内，小型的和缩放的家具或高离地面的家具可以增加房间的空间感。在一个更大的空间内，你有更多的机会摆放大物件。

阁楼卧室

在繁忙的家庭生活中保护隐私其实是一件非常简单的事。在一个阁楼内打造一个阳光明媚的隐蔽卧室。

因为其隐秘性和特别的视野酒店或豪华公寓的顶层通常被认为是最吸引人的地方。阁楼非常适合做主卧。开发你的阁楼，使其光照充足，这不仅仅是为了实现空间的最大化利用，更是为你的隐私提供了至上的保护。

阁楼关键是高度和亮度。你需要足够的高度来进行设计和家具摆放，也需要尽可能多的日光使房间充满活力。采光窗是必不可少的附加物，因为它能够增大空间并增加亮度。窗户和天窗可以使房间变亮，也可以使空间看起来比实际尺寸更大些。寻找任何可能的机会增大房间的空间，考虑选用一些非标准的家具或不规则的形状。一旦你拥有空间，就选用 种色调，这样房间会更加简单和宽敞。

这张餐桌为节日欢聚而设，色彩丰富而饱满。虽然桌面布置十分简单，但丰富的色彩和匠心独具的装饰，令欢乐的气氛瞬间绽放。

■ 简约的白色餐具适合各种装饰风格，再配以各式各样的小物件，餐桌被布置得清爽怡人。

■ 帆布帷幔就像是一面可以移动的墙，为房间挡风遮雨。

■ 轻巧的座椅和铁质的折叠凳便于搬动，可以在冬季把它们拿到室内存放。

■ 柚木和镀锌材料制成的家具不受天气的影响，且坚固耐用。

■ 地板上的插座可供多个灯具使用，保证足够的照明。

完全开放的空间

如果你拥有一个空间，想要装饰它，请一定要记住：更少意味着更多。保持空间的简单就能够突出其宽敞。

在一个敞开式的空间内生活意味着对空间利用的挑战。你也许会发现分割区域变得非常难。一种选择是利用分隔墙或大家具作为分割线，另一种是巧妙地利用空间的组成物，如柱子或横梁作为分界线，也能保证视觉上的独立性。

无分割线的空间的最大优点是宽敞，所以尽情享受空间的开放性吧。选用大小合适的家具，让它们在离墙壁较远的地方"漂流"，创造出一种宁静的氛围。增加一些家具，家具的形状要与整个房间相衬。在一个敞开式的空间内，在房间内的其他区域也能够看到睡眠区，所以睡眠区应该干净整洁、易于打扫。选用中性色彩装饰你的床，这样可以让空间更加宁静，利用枕头和其他饰品来表现色彩与欢愉。

别出心裁的陈列和精心设计的存储方式，在床尾处未被利用的空间内也可以实现。

（图 ❶）起居室内常用的桌案也非常适合安放在床脚。此图中，红色的盒子和格子桌布与床上用品相衬，所以这些物件完美无缺地融入房间之中。

（图 ❷ 和图 ❸）木质长椅的上面和底下可以放置小篮子和盒子，扩展了存储空间。长椅也可以用来放置毛毯，提供了一个换衣服的座位。最上图中的轻质松木板凳上放着各种物件，也可以作为换衣服的位置，这样一张长椅在客房中会非常受欢迎。

（图 ❹）两张床头小桌可以作为床尾处的存放空间。一摞书填充了两张桌子之间的空隙，一张桌布覆盖在桌子上，把两张桌子连接在一起。将盛有杂志的篮子分放在两张桌子下面。

（图 ❺）一张折叠桌为其他物品的存放提供了可移动平台。在客房中，它可以作为行李架使用。

主人听到的最动听的赞美之词就是客人说希望有机会能够再来小住。这种赞美之词使接待客人成为一件非常愉悦的事情。不管你是在重新布置一件房间还是把其他用途房间的一部分改作客厅，第一步要确保隐私。要让来客有种"宾至如归"的感觉。即便是

欢迎来家小住的
客人

客人真正在乎的是简单的舒适感。一间完美的客房既保证了隐私又非常舒适，还会使客人觉得备受关照。

在一个双用途的空间内，也要确保客人有自己的休息空间。然后，要把注意力放在床的质量和舒适度上，选择你能够负担得起的最好的床。如果客房的床是由可折叠沙发做的，那么你要亲自测试床垫的舒适性，它是否能够保证睡眠的舒服自然。用一层层的精致织物装饰床，让客人觉得"备受宠爱"，同时也增加一些小物件以增强空间的友好性。一篮小松饼、一个舒服的抱枕、几块特殊的新肥皂、毛毯和枕头，精心考量的配件是主人周到的标志。最后不要忘记鲜花。即使是简单的一枝花茎也能够愉悦感。

一个公开的
邀请

设计时考虑客人的需要是的基础性工作。为客人设计一个你也会向往的空间。

如果你很幸运，有额外的房间、工作室、小屋设计专用的客房，那么你现在就完全具备接待亲朋好友的条件了。打造一个隐蔽处，随时准备接待到访的客人，要保持这个空间的整洁舒适。

如果房间是一个工作室，那么你要进行全方位的设计。设计时不仅仅要考虑床的舒适度。还要设计吃早饭、写信、下午阅读的地方。然后在大衣柜和其他柜子中放一些毛毯、床上用品、枕头、抱枕、毛巾和浴袍。还要放一把电热水壶和一盒茶叶，这样会让客人觉得像在自己家中一样。

空间格局点评

这个房间不仅仅可以用作客房也可以用作主人的休息之地。这个宽阔的空间让客人觉得如同拥有专门的小屋一样。

■ 舒适的长沙发是客房中一个不错的选择，因为在白天的时候它还可以用作休息、阅读和小憩。

■ 台座式桌子提供了一个舒适的用餐之地，白天也可以在这儿写便条或明信片，晚上还可以用作床头柜。

■ 一个大衣柜为床上用品、浴袍和客人的衣服提供了宽敞的存放空间。

■ 一叠帽盒既可当做是床头柜又可当做存放空间。

■ 漂亮的纺织品如棉质床罩、柔软的枕头、麻质桌布和粗绒地毯，增加了美感和舒适感。

宁静赐予的礼物

　　宁静的气氛是一间客房中最令人满意的"资产"。为了打造一个宁静之地，应简单地装饰空间。

　　旅行时，有时候最奢侈的想法就是一个安静的休息之地，当设计客房时，可以从雅致的度假胜地中取取经，创造一种令人愉悦、像休闲会所一样的环境。把简单的家具和高质量的奢华织物和配件组合在一起，创造大自然般的宁静。

　　首先从床上用品开始。不要过度装饰床铺，选用一两件中性色调的床罩，床罩由富有质感的面料精制而成。家具不宜过多，其色调也要保持柔和，然后增添一两抹浓色即可。也许一枝奇异的花朵或一个装有乳液的装饰瓶，就能增强房间的宁静之感。

空间格局点评

　　客人可以在这间卧室的平和、安静中寻得庇护。家具布置简单，格调也增加了房间的宁静感。

■墙壁上的搁架上放着各种小物件，彩带使它变得更加柔和，这样也就不需要床头柜了，这样一来旁边的区域也更加宽敞。

■富有质感的床上用品和手工缝制的床单把焦点转向床的舒适感。

■纯朴的木质长椅提供了一个简单的更衣之地。它朴素的风格增加了房间布局的简洁之感。

■碗中的一枝花和两只浮水蜡进一步加强了宁静感。房间内摆放了很多蜡烛，既温暖了房间又香气四溢。

■几件朴素的配件把房间变得完整的同时，还保持了房间的美感。

小舍的舒适

客人刚刚从工作日的繁忙中解放出来，给他们提供一间带有避暑之地感觉的房间吧。

想一下很久之前你最喜欢逗留的湖畔小屋或海滨小屋。它带给你的愉悦感也许并不是因为其奢华，更多的是因为清凉的微风、床上的小憩和室外清新空气的芳香。当你的客人远道而来时，让他们摆脱日常琐事，邀请他们进入房间，当进入房间时，繁杂琐事即被抛在脑后，感受到的只有轻松舒适。

想把夏日房间的简单和愉悦带入到你的房间内，首先要以新的姿态开始。全白的背景不仅会让人觉得房间刚刚在温暖的天气里粉刷过，也提供了用床上物品或其他配件迅速改变外观的最大可能性。对于家具布置保持基本的装饰就足够了。整洁的房间是很多人理想中的天堂，所以一间舒适的床、大小合适的床头柜和相配的台灯是所有的必需品。颜色鲜艳、整洁的床上用品既富有感染力又与主题相衬。

空间格局点评

明媚的阳光、粉刷过的白色墙壁和整洁的床上用品是这个令人愉悦的房间内的所有必需品，它如画一般的美丽，让人回想起夏日的湖畔。

■ 白色的墙壁和地板创造了一种干净清新的背景，反射着自然光照，也使房间看起来更加宽敞。

■ 配色花纹织物，如彩色格子床单、马特拉斯被子和提花抱枕增加了视觉质感。在一个白色为主色调的房间内，视觉质感非常重要，因为质感比颜色更具视觉趣味。

■ 抽丝花边床裙让人回想起那段时光，那时候祖传亚麻床品专为特殊的客人使用。

■ 着色的镶板墙面使房间看上去像假日家庭凉台。

■ 小配件非常少，颜色也以红白相间为主。

沐浴

"对于我来说，浴室

是最后的栖息地。

它应该

隐蔽幽静令人宽心，

充满清新感和愉悦感，

让我所有的感官

得到极致享受。"

成功浴室的
构成要素

　　如今，浴室的装修更能够反映家居的风格和舒适度，这是前所未有的。以往，浴室默默无闻地提供着必要的服务——虽然其装修一直令人关注，但实用是第一要务。当然，如今的浴室依旧崇尚功能第一，但我们对浴室的理解已发生了翻天覆地的变化，换言之，各种奇思妙想正在孕育之中。人们越来越追求生活中的平衡，浴室当仁不让地成为室内装修的一个重要环节；同时，浴室如今是人们休闲放松的场所：不仅能够净身沐浴，还能够放松沉思。接下来书中介绍的浴室装修范例只是万千装修方式中的几个典型。这些方法无疑有助于你打造一间明亮、温暖、舒适的浴室空间。

怎样设计浴室

当你要设计一个新式的浴室时，一定好好考虑一下所能利用的空间，看看怎样才能符合自己的装饰风格。一份规划清单就是一个很好的开始。

对空间的利用会决定房间规划的质量，这一点对浴室来说十分适合。即使你并非要从零开始打造一个浴室，你也可以在实现浴室的实用性和舒适度方面学到很多内容，在不做大规模改动的情况下就可以在浴室之中增添许多家具或装置。至少用一周的时间关注一下自己是怎样使用现有浴室的。列一份清单，写出你想要部分改变的，你是希望在浴室中享受独处的时光，还是想和全家共用浴室呢？

如果你希望在此间享受静谧的时光，而且可以购买新装备，那么浴缸是一个很好的选择，因为它能提供按摩功能级别的放松体验；再加上由钢化玻璃制成的宽敞平台，沐浴在这里变成一种全新的体验。在浴室里装配一把舒适的椅子或沙发，再配上蒸汽浴设施或集水莲蓬头，或者安装上定制的照明设备都能达到相似的效果，而且还可以节省花费。同样，想想自己的其他需求和愿望，如储藏、照明及装饰，你就能意识到，自己的选择范围可以大到重建浴室，小到更换毛巾和浴帘。任何细小的改变都可以带来很大的影响。仔细考虑和评估每日的使用情况后再做清单，随后就可以享受装饰的快乐了。

终极浴室

这间大面积的浴室（上图和前页图）代表了浴室设计的新方法。浴室里包含其他房间的家具，既可以用来沐浴，又能恢复活力，让人感觉焕然一新。

■ **独立式浴缸**是现今浴室之中的新宠儿，这样的设计突显出浴缸的雕塑感。

■ **大窗的设计**让自然光通透无阻，洒满整间浴室，浴室就如同客厅般温暖明亮。

■ **木制梳妆台**为房间平添自然和温暖的质感，抵消了白色带来的清冷感觉。篮子和植物则更添情趣。

■ **躺椅**为沐浴者提供了一个可以休息、享受阳光和静谧的舒适地点。

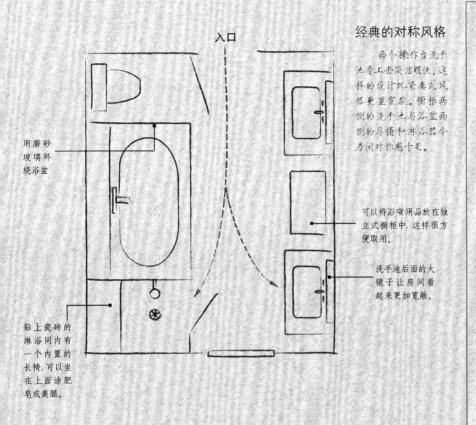

入口

经典的对称风格

两个操作台洗手池看上去简洁明快，这样的设计比紧凑式风格更显宽敞。橱柜两侧的洗手池与浴盆两侧的马桶和淋浴器令房间对称感十足。

用磨砂玻璃环绕浴盆

可以将浴室用品放在独立式橱柜中，这样很方便取用。

洗手池后面的大镜子让房间看起来更加宽敞。

贴上瓷砖的淋浴间内有一个内置的长椅，可以坐在上面涂肥皂或美腿。

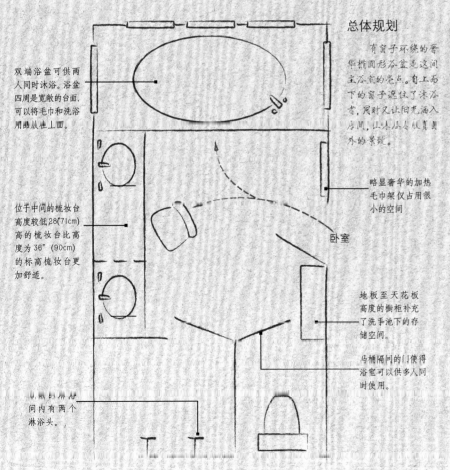

总体规划

有窗子环绕的奢华椭圆形浴盆是这间主浴室的亮点。自上而下的窗子遮住了沐浴者，同时又让阳光洒入房间，让人尽享窗外的景致。

双端浴盆可供两人同时沐浴。浴盆四周是宽敞的台面，可以将毛巾和洗浴用品从桌上面。

略显奢华的加热毛巾架仅占用很小的空间

卧室

位于中间的梳妆台高度较低28"(71cm)高的梳妆台比高度为36"(90cm)的标高梳妆台更加舒适。

地板至天花板高度的橱柜补充了洗手池下的存储空间。

马桶隔间的门使得浴室可以供多人同时使用。

淋浴间内有两个淋浴头。

空间需求

做一份尺寸图能让你了解怎样将物件装进房间。可以尝试多种不同的布局，直至找到最适合自己的一款。参考如下最小的尺寸设计，以便留出足够的空间供人走动。

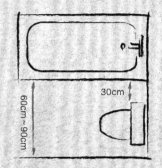

60cm~90cm
30cm

浴盆

在浴盆和与其邻近的物件间至少留出30cm的空间，在浴盆和墙面之间至少要留出60cm~90cm，淋浴间需要至少90cm的空间；还要保证淋浴间的门能够完全打开。

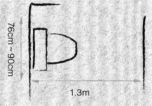

76cm~90cm
1.3m

马桶

应距安装墙面1.3m,宽度应在76cm~90cm。

1.8m

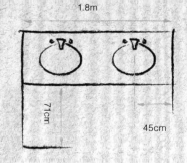

71cm
45cm

洗手池

两个洗手池至少需要1.8m台面空间。洗手池的中心应距相邻墙面至少45cm。应留出最少71cm空间以便使用洗手池。

也许没有房间能像浴室一样发生如此翻天覆地的变化。你只需要回顾过去的几十年，就能够发现过去的浴室是那么的狭小，而且功能也非常局限。现在，浴室变得更为宽敞和别致，打造浴室空间的可选方案也变得更多。除了基本的家具之外，你现在还能够配

将传统浴室
升级

布置新的家具只是重新设计浴室的第一步。舒适才是新型浴室的重中之重，所以，让你的浴室和家中其他的房间一样光彩照人吧！

置双淋浴、浴缸、化妆台、步入式衣柜，甚至一些运动器材。一间防水的淋浴室也是不错的选择。你还可以装修时尚的洗浴空间，让它与其他房间相得益彰。如同客厅或卧室一样，浴室中也可以放置木质的大型衣柜，带有抽屉的床头柜，精致的木质地板和舒适的阅读专用椅。过去家中最"功能至上"的空间正变得个性化和私人化，并且能够反映你的精神面貌和个人风格。我们将浴室看做是家的自然延伸，随着这种观点不断深入，浴室也被推上了豪华和舒适的新层次，拥有了不同于往日的定义。

空间格局点评

这间开放式浴室宽敞明亮，其间既有许多实用的物品，又不乏装饰性的室内陈设。

■ 木质的小桌搭配大理石餐台是典型的浴室新风尚。在浴室中，创造性地运用家具会为空间增添许多趣味和个性。

■ 爪型浴缸沐浴着凸窗中透过的阳光，打造了引人注目的一景。

■ 双淋浴间的无缝玻璃增添了房间的空间感。

■ 柚木和镀锌材料制成的家具不受天气的影响，且坚固耐用。

■ 古典的木质椅子和镀锌桌子能够给房间带来个性和温暖，令空间布局更为平衡。

开放式布局

打造富有建筑细节和独特装饰的明亮房间，将浴室从传统的束缚中解放出来吧！

扩大浴室的空间意味着人们正逐渐地认识到浴室在放松身心方面的重要性。如果你有幸拥有一间宽敞的浴室，请尽可能地使它自然、明亮，并保持开阔、通风。在这样的房间里，独立浴缸成为天然的亮点。将浴缸放在窗户附近能使之沐浴最多的阳光。在当今的浴室中，大窗户，天窗，以及通向花园的露台地板变得更加普及。

淋浴室也变得更宽敞更豪华。为了更好地利用宽敞的淋浴室，可以用无缝玻璃来替代窗帘。这样，即使是在一个小房间，也会给人一种开阔的感觉。此外，还可以利用市场上的家具和设施装修浴室，例如花洒，蒸汽淋浴，双淋浴等。

防水淋浴室

突破传统浴室的界限，消除室内间隔，打造一个宽敞开放的沐浴空间来畅享沐浴的快乐吧！

在真正的"防水淋浴室"中，所有的表层都是防水的，而且浴室中还设有中央地漏。因此，浴室不需配置密闭式淋浴隔间。这种设计相比传统浴室来说更加简易而且随心所欲，因此开放式浴室能让你尽情享受水中的乐趣。

你也可以打造一间局部防水的浴室，而且仅需在淋浴喷水的范围进行防水处理。无论是哪一种设计都需要使地面形成斜面，安装中央地漏以防止积水，而且地面材料最好选用未磨光的材料，例如石板材料。相比光滑的地面，这些材料能够防滑，最好在浴室中保留一个干燥的区域，这样能够保持毛巾和浴巾的干爽。

空间格局点评

在这精致又实用的房间里，整个空间的表层都是防水的。没有分隔和帘布，水流更畅快，沐浴更愉悦。

■ 从大窗户透进的空气和阳光使潮湿的房间表层保持干燥。带有织纹的丙烯酸窗口板件不仅能够防水，还能保证私人空间。水池上方的镜子自然不可或缺，窗玻璃与反光玻璃也被巧妙地搭配起来。

■ 独立式浴缸位于宽敞的平台之上，很好地划分出淋浴的范围。落地式侧面水龙头为沐浴者提供了方便，能够让他们枕靠在浴缸的任何一端。

■ 石板地面不仅自然美观，还能够有防滑的功效。

■ 在灰泥墙上刷上防水材料能够起到保护作用。

■ 光洁的鹅卵石和海星突出了与水相关的主题。

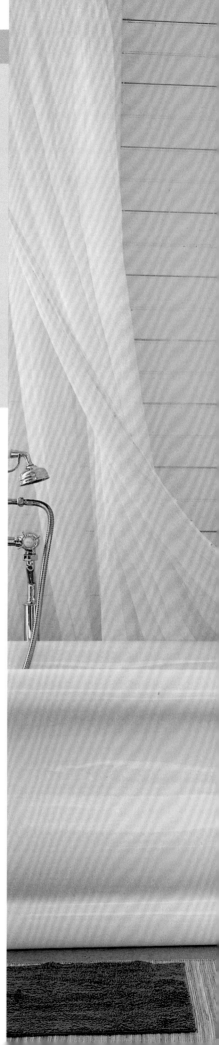

在其他房间随处可见的经典家具在浴室中也可配置，使之成为一个放松的梦幻之地。本图的浴室位于避暑别墅内，其显露的框架增添了一种乡间风情。

■ 通过精巧的家具摆设，将干燥和潮湿的区域分隔开来。然后利用地毯进行进一步的分隔。用厚绒布盖上浴缸的竹粉，在座位区铺上长毛绒。

■ 多重法式玻璃门令室内到户外的过渡非常自然，人们进出房间和取用物品都十分便利。

■ 足够的通风能使浴缸保持干燥。座椅上的棉布有利于沐浴，涂漆又密封的淳朴木质表层起到保护的作用。

配有家具的浴室

新浴室不仅要适于沐浴，还要装饰得如同卧室一样舒适，快来营造一个浪漫而个性十足的放松之地吧！

如果你有幸拥有一间宽敞的浴室，那就将它变为私人的休闲寓所吧。购置一些家具，纺织品和装饰品，使你的浴室成为放松、享乐的好去处。带套家具为阅读和放松提供舒适的地点。（家具的遮盖物应选择易换洗的纺织品，例如斜纹布、斜纹粗棉布、绳绒线、特里布和亚麻布）。如东方地毯或者基里姆地毯等带有织纹的小地毯或者带有图案的地毯不仅柔软而且能够划分出不同的区域。浴室中的大型衣柜和梳妆台能提供必要的储存空间，而且木质的色调能够为布满冷色调的房间带来温暖。浴室中的家具必须经过刷漆防水处理或具有密封的功能。

配置家具的浴室应该以实用为基准进行设计。其中一个有效的方法是规划出沐浴，装饰和休息的区域，这样能够留出足够的空间，而且可以保持非沐浴区域的干燥。

这间抛光的浴室虽采用传统材料，但却设计出了一种前所未有的展现形式。闪闪发亮的玻璃瓷砖、雕刻的洗漱池和天然木材融为一体，营造出了这般精致、优雅的现代空间。

■ 与传统瓷砖相比，玻璃镶嵌瓷砖的颜色更深，此处的应用别具创新。从浴室的地板到天花板，以及洗漱池后侧都采用了玻璃镶嵌瓷砖装饰带。

■ 除了传统样式外，开放式橱柜为你提供了另一种时尚风格供你选择。

■ 像形状优美的洗漱池和单杆式水龙头等新款式固定装置和家具配件增强了整体的时尚美感。

■ 天然木材密封性良好，可以防止水渍损害，和不锈钢瓷砖相比，更能给人以温馨之感，并呈现出流线型的外观。

材质选择

随着在材质方面的选择性越来越多，人们可以将自己的浴室定制成任意风格。如果你希望自己的浴室呈现出一种清新整洁的效果，那么将温暖的木质材料和冷金属以及瓷砖相结合将会是一个不错的选择。

在选择浴室的材质时，人们通常根据自己对浴室的功能需求进行挑选。现如今，随着可选择的材质越来越多，展现浴室美感的方法也是数不胜数，你可将不同材质大胆结合，呈现出一种令人意想不到的创意效果。

瓷砖这种材质已经使用了几个世纪，但是在最新的设计和建造中，人们已经将瓷砖的"多才多艺"发挥到了极致。例如，浴室的镶嵌瓷砖通常会给人一种复古的感觉，尤其是滚石状或八边形的瓷砖。但是当与开放式木质橱柜、不锈钢柜台以及引人注目的船型洗漱池等最新的设计元素结合起来时，镶嵌瓷砖看上去时尚又现代，玻璃或金属等新风格更是如此。

洗漱池和水龙头

　　洗漱池是浴室的一项主要的设计元素，对洗漱池的选择囊括了经典风格及各种创新样式。洗漱池可以是壁式的，这样可以节省空间。或者也可以设置在橱柜上，这样橱柜下面就可以腾出存储空间。安置在柜台上的船型洗漱盆同样是一种新的选择。只要能连接水管，几乎所有容器都可以用作洗漱池。与此同时，立柱盆的风格样式也是多样化的，同样可以将其考虑在内。

　　和洗漱池一样，适用于水龙头、把手和别的器具家具配件和浴室装饰也是多种多样。可供选择的材质有铬合金、镍、锡铅合金和不锈钢，所有这些材质都是磨光、刷饰面或亚光效果。与此同时，黄铜、青铜和铜的暖色调也会带来很好的视觉体验。选择家具配件时，一定要确保水龙头的喷嘴足够长，水可以直接流到排水管处。

　　水龙头的样品展示　从左上方顺时针向下展示了所有供选择的风格样式：水平手柄的中心式水龙头；古典的英式双手柄水龙头配上茶壶状喷嘴；鹅颈式水龙头；单一水平手柄的壁式水龙头。

设计方案：正视面的照明

　　在选择浴室洗漱池或镜子的灯具时，首要目标就是提供充足的光线，这样无论是化妆还是剃须，你都可以享受良好的照明效果。如果你选择的是荧光灯，一定要选择全光谱灯具。普通荧光灯会让人的皮肤产生一种不自然的色感。卤素灯同样也会产生一种纯白的灯光效果。无论你作何选择，一定要在所选灯具上配置半透明的透镜或遮光片。透明的遮光片会造成光线过强，但是不透明的遮光片会造成光线不足。

固定装置的放置

　　为了使光线均匀，聪明的人会将灯具高度选择在视平线左右，距地面大约168cm，相距约76cm～102cm。光线从两侧照入是一个明智的选择，因为从上面照入的光线可能会产生投影。

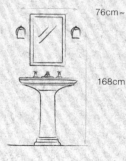

76cm～102cm

168cm

立柱盆

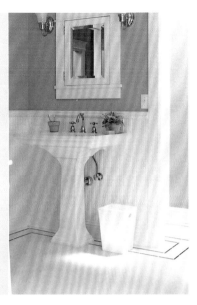

立柱盆是一种古典的单柱式卫浴洁具，这种设计可以将部分管道隐藏。与奢华风格相比，立柱盆需要的视觉空间更少，所以会让人觉得浴室更加宽敞。立柱式风格不能提供较充足的存储空间，所以你一定要确保自己在存储方面有备选方案。

壁式洗漱池

对于小型浴室来说，壁式洗漱池是一个极其智慧的选择。壁式洗漱池可以节省地面空间，让人产生一种浴室很宽敞的"幻觉"。此处展示的壁式洗漱池是对该理念的一种最新诠释。这种聪明灵巧的设计将管道封闭起来，洗漱池下部提供一根横杆，你可以将毛巾挂在上面。

船型洗漱盆

船型洗漱盆有着极强的装饰性外观，这种新风格秉承了维多利亚古典瓷质洗漱盆的特点，即将洗漱盆放置在小桌上。船型洗漱盆创造出了一个更加舒适的洗漱高度，再配上壁式浴室配件，绝对是一个完美的组合。船型洗漱盆的形状和材质丰富多样，包括陶瓷、金属和玻璃。

角落式洗漱池

这种设计节省空间。而且有些时候，角落式洗漱池可能是唯一一种合适的浴室设计风格。对于女士的化妆间来说，这种小型的角落式洗漱池真的是一种绝佳的选择。通常，对规模和形状进行专门设计可以解决棘手的定位问题。底部的装饰线条可以促进洗漱池与浴室复古风格的相互融合与渗透。

支柱式洗漱池

支柱式洗漱池通常有两条腿或四条腿，支撑着一到两个洗漱池。两条腿的洗漱池通常都会倚靠墙壁或其他物体作为支撑。起初，支柱式洗漱池作为收藏品流行十世，但是现在，这种构造同样适用于现代风格的家居设计，而且通常会将毛巾架的设计融入其中。复古情调是传统建筑风格的出品池。

台式洗漱池

与现代化管道相结合，复古的洗面台立即更新换代，为浴室增添古典美。对于需要两个洗漱池的你，大理石版面的维多利亚式橡木洗面台是最好选择。木质家具会为整个浴室增添温馨感，但是切记家具一定要防水，洗漱池同样可以搭配抽屉柜，但是需要留心的是，柜柜中的一部分空间被管道占用。

过去，如果一家人共用一个浴室，那么安排洗漱时间就会成为很大问题。现如今，虽然许多家庭的居室更加宽敞了，但是共用一个浴室的问题仍然没有解决。每个人都想要一间令自己满意的浴室。妈妈想要的是这种样式，但是爸爸可能喜欢另一种风格。

享受共用浴室

只要细心将每个人的需求考虑周到，共用浴室将会是生活的一大乐趣。要让每一个我们关心的人都享受舒适和温馨。

如果孩子们也共用这间浴室，那么他们想要的东西又会截然不同。同样，来到家中的客人也有自己的偏好。即便不可能让每个人享有自己单独的浴室，还是有办法让每个人感受到自己的私人空间。

让每个人感受到自己受到关爱的关键，就是为每个人准备一根毛巾杆。设计房间时，重要的是实现私人空间最大化，让每个人都有空间存放自己的私人物品。内置式橱柜是最人性化的设计，你既可以享受简单巧妙的台下式洗漱池，也可以享受奢华的情侣式化妆间。物料钢架同样是适用于众多家庭的又一灵活选择。最后，用最合适的方式摆放毛巾和那些日常生活必需品才能让浴室变得既令人赏心悦目，又经济实用。

这种设计精美、赏心悦目的复古式浴室紧跟时代潮流，拥有这样的浴室，你就如同进入了人间天堂，共享家庭的美好时光。

■ 整个房间都被浴缸周围的一排排明亮的窗子点亮。定制的亚麻遮光帘为你的隐私保驾护航。

■ 镜子两侧都各有一面镍烛台，无论白天还是夜晚，都可以提供均匀的光线。

■ 立柱盆旁边配有一个较浅的橱柜，约30cm深，供你和家人摆放洗漱用品。

■ 你可以将音响系统和小型电视机放置在浴缸边的架子上，这样你就完全可以一边沐浴，一边享受视听盛宴了。

并排式风格

有时，共享一间浴室是人们的首选。夫妻可以选择以浴室的温馨舒适共同开始或结束一天的生活。

对于忙碌的家庭来说，主浴室通常是主要的交流中心。在这里，你可以为新的一天做准备，或晚上等孩子们都上床睡觉后，将这一天没能完成的事做完。所以你需要一间明亮的浴室，帮助自己恢复精力，神清气爽地开始新的一天，晚上回到家中，享受柔和与静谧，抚慰疲惫的心灵。

精心装饰自己的浴室，你将享受到浴室时光的幽静与恬淡。坐在安乐椅上听听音乐，看看新闻，为共享空间增添几分舒适与温馨。将蜡烛、火柴和香薰放在触手可及的地方，这样你便会不时想起装点生活的乐趣。自然光是最好的能量，所以一定要尽量将窗帘打开。如果光线还是不够充足，你可以在化妆或剃须时将化妆镜两侧的灯打开，这样光线就能均匀地照在脸上。夜晚的柔性照明同样可以创造一种"明亮的"效果。为使晚间的光线更加柔和，应将头顶的照明灯调整至非强光状态，并用调光器将光线调至自己想要的强度。

主浴室

共享浴室的美好时光，享受他人的陪伴。你的主浴室一定要是一个充满现代风情的地方，既能感受到一种归属感，又能保护隐私。

如果你希望和伴侣共度浴室时光的同时仍可以享有私人空间，那么应将传统的情侣观念与现代的奢华风格融为一体。为浴室的每一位使用者量身定做私人空间，包括私人洗漱池和单独化妆间、橱柜和更衣间。这样每个人都有空间存放自己的私人物品，而且大家都可以方便地取到共用物品。所有的房间都保持风格的连续性，会让人产生视觉上的统一。仔细观察家中其他房间的装饰风格，这样就能保证房间整体装饰风格的一致性。一旦融入舒适的座椅和优良的材料等元素，如实木地板和装饰嵌板，你的浴室将展现出一种意想不到的精致与典雅。

空间格局点评

这间宽敞明亮的主浴室专为夫妻二人设计，让你在享受二人世界的同时，也能满足自己的需求，拥有自己单独的浴室、化妆间和更衣室。

■ 定制房间，倾情为每个人服务，既可以为她提供一间梳妆台，也可以为他准备一个抽屉柜。

■ 洗过热水澡后，你可以坐在靠窗的座位上穿袜子、穿鞋，或小憩一会。

■ 采用侧式水龙头的独立浴缸宽敞明亮，足够两个人舒适共浴。

■ 从窗子照进的阳光是化妆的理想光线。

■ 像装饰面板、深色木质台面、实木地板等较为复杂的材质会给整个房间带来一种典雅的色调。

■ 卫生间的隔断充分地保护了你的隐私。

在一间整洁优雅的家庭卫浴中，房间的每一寸空间都已实现其最大化。从洗漱用品到毛巾，再到孩子的浴室玩具，只要经过精心设计和布局，每个房间都可以同时满足家人的多种需求。

■ 双倍尺寸的橱柜可以很好地保护隐私，房间的存储空间十分方便。较浅的柜子冲向洗漱池一侧，用来放洗漱用品；较深的柜子冲向浴缸，用来放毛巾。

■ 如果你还在思考将孩子们的浴室玩具放在哪里，塑料桶不失为一种经济实用的选择。

■ 嵌入式洗衣槽是一个十分智慧的细节小帮手，它可以使房间整洁、井然有序。

■ 人性化的挂钩可以帮助每个人在沐浴过后轻松找到自己的浴巾。

家庭浴室

精心的设计、创意的家具、充足的储存空间，这一切为家庭成员创造了一个温馨舒适的浴室环境。

为使共享浴室为全家人的舒适沐浴服务，创意性的设计是必不可少的。其中，合理的组织与布局是关键。对于储存空间来讲，一个极好的想法就是一间房间兼饰两种，既用作私人屏幕，又用作房间隔板。将架子放在两边都容易触到的地方，这样房间的存储空间就实现最大化了。每位家庭成员就能轻松取到自己想要的洗漱用品，除此之外，还有很多剩余空间可以用作他用，如放置必备的浴室用品等。如果浴室的使用者是小朋友，那么浴室的设计就一定要简单直接，易于理解。浴室内放上大水桶、箱子和标有名字的毛巾钩，这样宝宝们就知道东西该放在哪里了。

空间格局点评

一间能够考虑到客人需要的浴室会是一个让客人无限向往的放松之地。墙上的护壁板和带有古典风韵的配件使房间充满时代感。

■ 在客房里配备浴室是非常理想的选择，这样使客人拥有属于自己的空间，在这个空间里专为他们放置了各种小物件。

■ 如精美化妆用具和新浴袍等精品酒店配件甚至可以彻底改变一个简单的房间。

■ 优质而古典的容器装着可倒的沐浴露、洗发水和护发素；新的手工研磨肥皂增加了奢华感。

■ 一叠毛巾、一双新拖鞋和一些刚刚修剪过的绿色植物体现了个性化关注，使客人觉得备受关怀。

■ 中性色调的背景使人温馨、舒心，使房间的韵味更加突出，使你适应房间因季节变化而不断改变的样子。

客人身份

当为来访的亲朋好友设计客人浴室时，小物件和考虑周到的细节是一种简单的"欢迎"方式。

计划与暂住来客共享自己的房间是一种简单易得的乐趣。注重客人浴室的细节甚至可以使一个小小的空间变得奢华。用各种小物件装饰浴室，这些物件你也许能在豪华酒店才会看到，如精美化妆用具，像精油皂、洗发水、沐浴露却来日的日也。要叫虑到客人的需要，为他们准备那些难以打包携带的物品，如吹风机和厚重而精制的浴袍。要把所有的东西都放在显眼的位置，这样客人很容易就能够找到。还要记住，来客需要自己的空间存放个人物品，所以要在柜台或架子上为客人留出空间。最后，在房间里放置鲜花或绿色植物以使空气清新。

使你的客人沉迷于那些周到考虑的设施和简单、精致的物件中，让他们觉得备受关照。

（图 1 ）别致的容器、一些精心挑选的化妆用具和一枝新摘的兰花是你会在精品酒店里看到的装饰物。不必为了使客人觉得备受关怀而配备特别昂贵的物件。

（图 2 ）玻璃罩下陈列着一些别致的洗浴剂、肥皂和古龙香水。一些配件，如果摆放得富有新意，也可以使客人感受到新品小玩儿带来的那种乐趣，这些可以作为礼物让客人带回家。

（图 3 ）木盒子里的栀子花使整个浴室芳香四溢，客人可以把花朵放在浴缸中，放松地进行长时间泡浴。鲜花的味道是客房中最为令人欣喜的味道。

（图 4 ）男性美容用品就应该摆放在洗手池里。托盘是一种简易方便的盛放客人物品的方式，因为所有的物品都可以被轻易移动或存放。

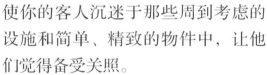

很少有人能够每天都体验水疗的乐趣，但是在家中你几乎就可以体验。历史上，水疗以"近水"为人所知，而且无论是矿泉浴还是维其浴，水始终是水疗的关键。在家中，浴缸这样的豪华设备，在洗浴时，可以使水浸到你的下巴，带给你像水疗一

消除身体与心灵的
疲惫

水疗的目的是使身体和精神恢复活力。在家中边洗浴进行水疗可以使精神和身心倍感愉悦。

样的放松体验。大多数水疗最后会让客人安静地休息，所以一张舒适的椅子或躺椅是你浴室中增加的特殊奢华物品。如果你没有足够的空间放置，你的休息地点也许可以简化为一个桑拿房的长椅，长椅上放满枕头。最重要的是你周围的环境须尽可能地宁静并令感官愉悦。纯净的空间和装修可以使环境更加宁静。开门让阳光洒满整个房间，放眼窗外。选择一个令人放松的色调，从大自然或者水中获得灵感。尽情享受混合着沐浴液、鲜花或烛光的芳香疗法带来的益处，旁边放一些毛绒毛巾。存放一些让你觉得舒服的润肤液和其他物品。

家庭水疗

带给自己极致的洗浴体验。在浴室放置一个大浴缸，并把它变成你自己的家庭水疗。

在日本，洗浴不仅仅是为了清洁身体。它是一项古老的、长达数世纪之久的仪式，为使身体和精神恢复活力而进行的仪式。将大浴缸盛满热水用来浴泡，清洁是在进入浴缸之前单独进行的。很多人每天晚上至少花半小时，边泡澡边沉思。

幸运的是，你不必为了放松特地去日本。在家庭浴室安装浴缸是轻而易举的事。定制的浴缸可以是任何规格的，通常由雪松、红木或柚木制成。现有的浴缸有独立式的和嵌入式的，通常由玻璃纤维、金属或木头制成。

空间格局点评

这种带有日本浴缸的宁静的家庭水疗全方位地愉悦着你的感官，带来精神上美的愉悦感和身体上的享受。

■ 盛满热水的雪松浴盆非常宽敞，可以多人共用。平台是一种传统的日本样式，自然地散发着木头的余温。

■ 蜡烛和熏香的味道弥漫整个房间。可将舒缓型草药沐浴液和芳香精油放在旁边以增加舒适感。

■ 一张嵌入式的长椅和足够多的枕头可以提供一个供休息、聊天和沉思的地方。一张躺椅可以提供一个浴后伸展的舒适之地。

■ 整个房间的自然材料实用、令人愉快、适合洗浴。

■ 落地窗使自然景观成为背景的一部分。

自然享受

用简单的雕塑型物件和令人愉快的色调及有机材料把水疗的宁静加入到你自己的洗浴中。

一种将水疗风格带入浴室的方法是利用一些经济的装饰物并选择具有审美趣味的元素。选择简单的装置和配件，用来自大自然的颜色、材料和味道美化它们，赋予每一次沐浴以奢华感。

房间里的小家具布置注重空间的整洁性，有利于扩展宽敞感。壁挂式水槽使地板的空间增大；平镶式壁柜使平直墙完美无瑕；尽管独立浴盆看上去可能没有嵌入式的那么大，但形式优雅。用一些自然材料，如红土或石头衬托这种流线型的设计，并摆放一些生机勃勃的绿色植物，令人赏心悦目。

空间格局点评

这座城市的休闲空间非常奢华，但带有水疗风格的简约。柔和的尘世小曲是纯白装饰和新绿味道的幕布。

■ 一个具有鲜明现代风格的浴缸位于浴室的中心。

■ 设计简单的配件和家具如壁挂式水槽，平镶式壁柜和一个独特的雕刻马桶奠定了整个房间宁静的美感。

■ 萨提约地砖给脚带来感官享受并且使整个房间具有质朴感，为高品位装饰奠定基础。

■ 玻璃马赛克瓷砖贴在墙壁和淋浴里的人造装饰使整个空间看起来更明亮。

■ 盆栽植物在湿润的浴室环境中茁壮成长，对水疗的氛围大有神益，茂密的开花植物令人心旷神怡。

（图①）手持花洒 对 20 世纪早期浴室设备的怀旧之情已被描摹复制，并赋予了现代功能。这个时期的布置把浴缸的水龙头、纵横把手和手持花洒、传统的置于垂直管顶端的莲蓬头结合在了一起。

（图②）落地式装置 开关置于地板上，位于浴缸的中间位置，这样可以让泡澡的人舒适地靠在浴缸的任一端。随着双头浴缸的流行，这种配置越来越常见。

（图③）花洒莲蓬头 这种圆形的莲蓬头，也被叫做雨花洒或向日葵莲蓬头，加大了水流从上方倾洒而下的冲击感。这种莲蓬头有各种规格的，它所带来的冲击感令人活力四射，精神饱满地开始新一天的生活。要记住这种样式的莲蓬头比传统的莲蓬头耗水多，因此热水器容量需更大。

（图④）双重控制开关 像这种维多利亚风格的淋浴开关的水控和温控是分开的。但具有现代风格的这种开关也十分常见。

浴缸和配件

选择浴缸时，应从两方面考虑：浴缸应该适合你房屋空间的大小，也应该适合你的身高。目前，标准尺寸的浴缸是152cm长，81cm宽，但是你也可以找到其他各种规格的，更短的、更长的或者更深的。

毫无疑问，合适的空间在挑选浴缸时是必须考虑的因素，但是你对浴缸类型的偏好和它给房间带来的感觉也是非常重要的。独立式浴缸，例如，一直备受喜爱的爪英尺浴缸，需要更大的空间但灵活性也更大，因为它可以被摆放在房间的任何位置。嵌入式浴缸也非常经典，而且它们外围大多是木质、瓷质或石质的，这样它们看上去更像普通家具。你选择的配件应和你的浴缸相衬，但不必风格完全相同。

浴缸风格：（图1）经典的拉盖浴缸，木质外围和大理石板面；（图2）皇家风格的独立式浴缸和落地配件；（图3）涡旋浴缸，有色混凝土外围；（图4）独立式爪英尺浴缸的仿制品。

浴缸设计教程

浴缸设计中一种新的奢华选择已经使浴缸从水疗进驻到家居浴室中：这些浴缸至少比传统浴缸深几厘米，使你能够完全泡浸在浴缸中，获得更令人放松的体验。像其他浴缸一样，它们也有各种形状、规格和材质，从搪瓷铸铁到亚克力、陶瓷、铜、乙烯基、木头。唯一不变的是深度。与传统的浴缸相比，传统浴缸的深度一般为36cm～41cm，现在大多数浴缸的深度一般为标准的51cm～56cm。此浴缸由日本的大浴缸演变而来，可以让你端坐在水中。很多设计推荐涡旋浴缸。

如果你正考虑在浴室内安放一个浴缸，以下几个因素需牢记在心。

■ **水容量** 一个标准的浴缸的容量为227L～284L水（普通标准浴缸容量约为159L），所以要确保你的热水器能够有效供给那么多热水。

■ **重量** 浴缸本身的重量可轻至57kg，如亚克力浴缸，可重达227kg，如搪瓷铸铁浴缸。确保你家的地板结构可以支撑起这重量。

工 作

"我的家庭办公室要

富有新意

并且实用！

我要它

成为每一项工作中

新思想和新灵感的来源！"

你需要这些元素

　　过去人们一直认为"家庭"和"办公室"是两个相对独立的概念，而且我们一直秉持这种观点。现在，二者之间的界限却已没有那么明显，很多人有些工作是在家中进行的。想不想在家里工作？想不想让你的办公室有家的感觉？那么就在家里打造一个工作区吧，把它变成你房间的一部分，并让它与整个布局融为一体，双赢的选择喔。一间别致的家庭办公室可以提高工作效率，同时也能带来居家环境的舒适感。本章中，我们把一些我们最喜欢的设计呈现给你，帮你构想设计出一个绝好的工作区。

如何设计家庭办公室

有效利用。L型、U型和画廊型布置让一切触手可及。

不管你的办公室在哪里，如果你有两个主工作区你会发现工作更易于组织：一个是在电脑前，另一个是接听电话和阅读工作区。设计也要使你靠近文件存储区、打印机、传真机、复印机和日常物品。一个紧凑的L型或U型格局可以使你在两个区域之间任意移动。画廊型格局也是如此，可以让你坐在平行的工作区之间。你想让你的办公室以怎样的方式展现在来访者面前呢？这也会影响你的设计决定。例如，一个L型

工作台可以使你的阅读工作展现在客人或客户面前，而一个画廊型的工作台可以让你把手头的工作暂留在身后的柜子里。那些用得比较少的物品和档案记录最好放在你所在的工作区之外。

记住要预留出一定的空间，用来放能给你带来舒适感和灵感的物品。不仅仅是家庭照片，也包括与你的工作或你的爱好相关的艺术品和装饰品。一个"灵感激发板"可以增加你的活力；用你喜欢的明信片、杂志剪辑和工艺品来装饰它。同样，要选择一张简单的椅子，你可以舒适地坐着阅读文件，简单地放松休息一下。

这种办公室（见上图和前页）占用的空间很小，工作区物品摆放的方式非常节省空间。这种紧凑的布局可以布置在楼梯平台或者另一个小空间。

■ 办公室风格家具的一致性可以创造出一种秩序感，个人工作区可以实现物品的特殊摆放。转角工作区包括计算机工作区，另一个工作区是为文件工作准备的。

■ 公告板区域是一个极富价值的信息中心，这里有日历、重要提示和鼓舞人心的图片。

■ 自然光使工作区域更加令人愉悦，但是窗户可能会反光，因此要注意计算机显示器的位置，使光从侧面照过来。

存客卧中

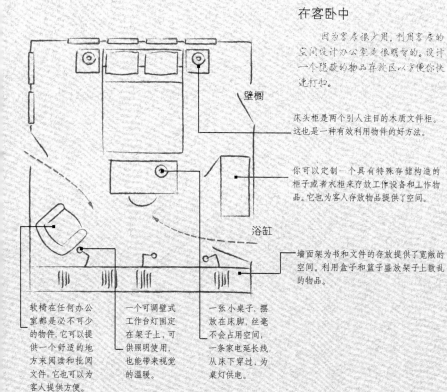

因为客房很少用，利用客房的空间设计办公室是很明智的。设计一个隐藏的物品存放区以方便你快速打扫。

床头柜是两个引人注目的木质文件柜。这也是一种有效利用物件的好方法。

你可以定制一个具有特殊存储构造的柜子或者衣柜来存放工作设备和工作物品。它也为客人存放物品提供了空间。

墙面架为书和文件的存放提供了宽敞的空间。利用盒子和篮子盛放架子上散乱的物品。

软椅在任何办公室都是必不可少的物件，它可以提供一个舒适的地方来阅读和批阅文件，它也可以为客人提供方便。

一个可调壁式工作台灯固定在架子上，可供照明使用，也能带来视觉的温暖。

一张小桌子，摆放在床脚，丝毫不会占用空间，一条家电延长线从床下穿过，为桌灯供电。

壁橱

浴缸

独立工作区

富余的卧房非常适宜改装成家庭办公室，用橱柜作为主要的存储空间。为了更好地与房间内的其他布置相衬，你要从家具店购买一张桌子和一把舒适的椅子。

选用横向柜，它只有45cm深，可以轻松地放入标准储物柜中。

独立的工作桌内有隔层，隔层可用来存放文件、报纸和其他会随时用到的日常必需品。

舒适的椅子是必不可少的，可以用来接待客户，也可以为你提供一个休息之所。

入口

办公室舒适感

当你觉得舒服时工作效率会更高，这种舒适感包含很多东西，从电脑的高度到足够的照明。参照这份清单来摆放你的办公室家具吧。

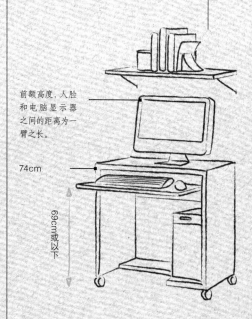

前额高度，人脸和电脑显示器之间的距离为一臂之长。

74cm

69cm或以下

电脑显示屏

你的电脑应放在你正前方一臂远的位置，高度不要超过你的前额。

键盘

尽管标准电脑桌的高度是74cm，但是大多数人更喜欢69cm的高度，这样打字的时候会更舒服。那么如何确定最适合你的高度呢？坐在椅子上，手臂弯曲，放在体侧，键盘的高度应和你胳膊肘所在的高度一致。

电脑桌

大多数案头工作只需要76cm的空间，在这个空间里可以放置电脑显示屏、电话和信纸大小的纸张。在桌后至少留出90cm的空间来安放桌子。

工作桌

一张约60cm高的带有脚轮的小型工作桌可以带来更多便利。它可以用来放置文件或其他日常所需用品，或者把它当做申脑区，这样你的主桌将会非常整洁。

一旦你决定在家中打造一间办公室，你就需要让你的办公室有其用武之地。更重要的一点是你要让它为你服务。理想的工作空间看上去是怎样的呢？当然有很多基本元素是任何房间都具有的，例如巧妙的空间设计、足够的照明和宽敞的存储空间。但是哪些选择可以帮你打造一个既实用又能够激发灵感

设计一间
家庭办公室

打造一个理想的工作空间，要相信你的直觉。寻找那些会令你兴奋的颜色、陈设和空间类型吧，让它们引导你的设计之路！

的家庭办公室呢？首先，要在家中寻找合适的空间，是阁楼呢还是厨房的一角呢？

然后，确保这个空间设计合理并装修得当。想一下，你更喜欢传统家具还是创意替代品呢？更喜欢传统的办公桌还是木质组合文件柜呢？也要想一下自己更喜欢哪种颜色，什么样的光照更适合自己，哪些小物件可以给自己一种奢华感，那么就让这些细节指引你的设计吧。存储空间的设计很重要，巧妙的办公室设计关键是避免杂乱。要记住你是在家中，不必局限于文件柜等标准的办公室布置，你尽可天马行空，进行无限地想象，做出更多的选择。

它曾经是一个昏暗、满是灰尘的阁楼，现在要把它打造成两个建筑师工作的办公室，把它变得明亮、整洁，首先要从它的白色墙壁和天花板着手。

■ 工作区中心的三张相邻的桌子为两个人提供了工作区，也提供了一个全方位的展示台。

■ 中间的楼梯井把阁楼分成工作区和存储区。

■ 偌大的天窗使自然光照进来。

■ 凹式灯隐藏在木头之间，暴露在外的木椽增加了宽敞感。

■ 桌子上覆盖的树脂玻璃膜下可以摆放零散的工作资料和激发灵感的照片。

阁楼办公室

如果你需要一间家庭办公室，宽敞的阁楼无疑是首选。打造一间空中办公室，让它远离家庭的喧嚣。

当你为家庭办公室寻找空间时，你会发现利用率低的阁楼是无形的珍宝。阁楼通常是有足够空间可被利用的，而且作为一个新颖的藏匿处，它可以给你带来浪漫的感觉。

如果你的阁楼现在仍被闲置，在你把它转变成工作区之前，以下几个关键的问题需要注意。你需要确定天花板高度足够，地板承受力也够大，家庭电力也能够保证日常的电力需求。因为阁楼的温度会影响到舒适感和办公设备的运行能力，所以你要向专业人士咨询一下保温和通风问题。

一旦你开始行动了，要记住在一个小的封闭空间内，更小的物件意味着更大的空间。让整个空间沐浴在光中（有天窗更为理想），选用中性色调可以增强阁楼的空间感。把一些轻巧的小型家具放在檐下，以保持简约风格。

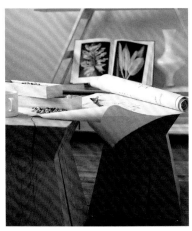

标志性风格

任何房间都会得益于富有创意的设计。最明显的就是家庭办公室，它反映的是你的工作风格。

独特的风格来自各种各样的小点子。即使你的设计预算是有限的，如果你采用别出心裁的方法布置房间，依然会使你的房间风格独特。

办公室家具都是由最基本的元素构成的。店里的组合式家具带来了很大的灵活性，试着创造出自己的风格吧，把木板放在两层文件柜或锯木架之上，这样就创造了一张办公桌；用木板、存放盒或活梯搭制书架。想要寻求灵感，那么就要考虑一下自己的工作：装饰风格要体现工作的主题，尽情展现自己的工作方法和劳动成果吧，将你的雷厉风行之风尽现其中。

空间格局点评

景观设计师在这样的环境中工作，静谧如花园，色调清新，布局新颖，这种装饰风格也体现了他的工作特点。

■ 办公桌是由锯木架和木板搭建而成，与自然环境水乳交融，成本虽低，却不失为一种搭建工作台面的好方法。

■ 简单的木质书架坚固价廉。

■ 柔和明亮的墙面颜色与异国植物和艺术品相得益彰。

■ 作品展示和工作书籍为整个布局增添了一抹亮色。

■ 组合式木制凳子令人想起大森林，把自然的气息带进来。

■ 无臂软垫椅子可任意摆放，搭建起一个舒适的会议区。

■ 百叶窗挡住窗外刺眼的光照，也利于保护个人隐私，但阳光依然可以照进来。

会面场所

好的设计包括创造一个适合所有使用者的空间。敞亮的工作区会令你和你的客户倍感愉悦。

邀请客户和同事参观你的办公室是在家中办公的乐趣之一。欢迎客人进入你的个人工作区不仅仅是在公司才可以做的事儿，在家中你也可以得到同样的乐趣。为了给客人留下深刻的印象，要确保房间不仅具有家的舒适之感还要使它的整个布局特别有条理。任何整洁、舒适的布置都可以让人觉得你正处于工作状态。地毯、咖啡桌、落地灯和其他小物件给人带来随意感和舒适感。用房间来展现你性格的与众不同吧，让房间更温暖，更有人情味儿。布告板拼贴画或是放在书架上的收藏品都可以让来访者对你的个人生活略有了解。

空间格局点评

这间充满光照的阁楼没有配置任何传统的办公室家具，却不失专业风范。折中的混搭布局创造了一种如家一般的工作环境。

■ 家具风格混搭并不是一套办公室家具简单搭配，创造出一种个人情调，而是把具有现代风格的椅子，中世纪的台灯和一张重组的优质的双人沙发进行搭配。

■ 移动办公桌是一张带有脚轮的橡木书桌。可以把它放在窗边，以利用自然光照，也可以把它挪到墙边，以腾出更大的会议空间。

■ 吊架建在檐间，用来摆放平面文件，使它们处于来访者的视线之外。

■ 黑板桌增加了视觉变换感，也可以方便打电话的人记录一些小事项或者号码。

■ 墙壁简单的白色色调和棕黑色的家具营造了一种大气之感和专业氛围。

生活中的很多时间我们都在工作，因此值得花费精力和时间去打造一个美观且实用的工作环境。因为家庭办公室是家的一部分，有理由进行精心设计，把它变得像你的卧室和起居室一样温馨。当决定家庭办公室的布局时，注意观察其他的房间以获得关于色彩和风格的灵感。特别是当你的办公室和房间的其他

别具一格的
工作环境

极佳的家庭办公室应闪耀着你的个人魅力。创造一个能够激发灵感的工作环境，让你的工作状态处于最佳吧！

部分不可分割时，你就需要让它与周围的环境相协调，所以要用与办公室相邻房间一致的色调、布局和物件来设计你的办公室。如果你的办公室是某个特定房间的一部分，风格连贯更为重要。

虽然如此，如果你运气很好，拥有独立的办公室空间，不妨做得奢华一点。你已经把它变成你的商务套房，摆放一些别致的桌灯或你喜欢的小物件，愉悦自我。摆放物品时也可以尽情发挥你的想象力。你可以随心所欲地展现自我，不一定要摆放传统的家庭照，你大可以摆放艺术品和个人收藏品。

保持良好的工作秩序

办公室若处于你的视线之内，就需要一种秩序感以保持风格的一致性。把物品整洁有序地存放在储藏室中。

秩序感使人平静，当你的家庭办公室还被家人用作它用时，秩序感就显得很重要了。把杂乱的物品摆放整齐，你将拥有一个安静的休息之地，同时它还具有工作室的各种功能。

存放杂乱办公物品的最好方法之一是利用墙壁的空间。最明智的选择包括组合存储柜和书。架子非常实用，可以放置参考书、文件和喜欢的物品或收藏品。装有门儿或盖子的柜子或箱子可以盛放些会弄乱工作平台的零碎物品。如果你用同一种颜色粉刷架子或储藏空间和墙壁，整个空间就不会那么扎眼，而且外观还会显得非常自然。

空间格局点评

这个房间配有宽大的工作桌和组合墙壁存储层，也可以作为家中的书房或小窝。对称的书架和与众不同的立方体柜子给整个房间带来了秩序感。

■ 固定在墙上的文件柜可以用来存放物品，样式随意变换，如同艺术展示。

■ 嵌入式书架可以摆放工作的参考资料和阅读书籍，充分发挥了空间的双重功能。

■ 架子的最上层不要放东西以保持宽敞感。

■ 白色格调增大了空间。白色的工作台和存储空间看起来与墙面融为一体。

■ 一张具有现代风格的沙发增加了视觉冲击力。它的奢华风格与整个房间的秩序感和空间感相得益彰。

跃层用来做办公室，布局紧凑，同时恰好也可以利用窗外的美景。别具一格的滑动书架既可以保持空间整洁又可以使空间变得更加宽敞。

■ 一张L型办公桌安放在楼梯栏杆的角落里。它的玻璃顶层和简洁的设计保证了空气流通。

■ 滑动陈列墙把办公室与相邻的卧室分开，保证了你的隐私。

■ 磁性笔记板嵌入架子中，提供了陈列空间和记笔记和备忘录的地方。

■ 松软的沙发会是一个舒适的阅读或开会之所，也可以用来小憩。

办公室平台

在一个开放的空间内，在办公室和房间其他部分之间营造出一种融洽的风格是成功设计的基本元素。

当选择办公室地点时，你可能没有一间单独的房间来使用，但是你还有其他空间。你可以在家中选择这样一个区域，它至少有一面墙可以让你放置书架，它还有足够的空间可以让你放置一张桌子和凳子，就在这样的区域打造你的办公室吧。宽敞的楼梯台、门厅、凹室、走廊或凸窗，加上一点设计就可以满足你的要求。

这项工作最重要的方面是营造出一种相融的风格。为了保持房间风格一致，要使其布局与办公室相邻房间或周围环境的装饰风格的一致。对于一间开放式办公室，最好选用那些占用空间小的家具。不要选用较重的家具，选用一些带有玻璃面的小型家具。也要想办法保证你工作时不受打扰。必要时可采用一些富有创意的设计元素，如推拉门、可滑动陈列墙和陈列空间，这样设计也能够保持空间的流动感。

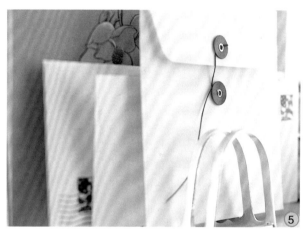

用优质的小物件为你的工作空间增加格调和智慧。别出心裁、经过改换的小物件可以让文件和邮件变得整齐有序。

（图 1）墙壁上安装的老式酒店邮箱，如同纸币清分机，用来摆放文件，绝对富有新意。

（图 2）一个金属质的字母"U"，看起来像一个商店的标志，作为磁性备忘板，是绝佳的选择。磁化火柴、磁性图钉和圆形小磁铁的结合可以让你非常方便地找到所需的名片、记录和剪报。

（图 3）一个金色的相框镶嵌着玻璃层，它可以作为工作中的布告牌。你可以把便条和照片粘在上面，还可以用马克笔在玻璃上写东西。

可以选用传统的信架，也可以发挥聪明才智自己做一个。一对弹簧和两个U型螺栓可以组成一个信架（图 4）；古式面包架可以用来放置那些大信封（图 5）。

有时候，想要为家庭办公室找到合适的空间就不得不暂时利用一个房间，打造出一个双用途的空间。厨房、卧室、客房和家庭活动室都可以在部分时间内用作家庭办公室来使用，而不必牺牲它们原有的功能和格调。当选择家庭办公室的位置时，要考虑房

在共享空间里
工作

作为工作间，不同的房间有其不同的优点，但是如果精心设计，在任何房间里，你都可以打造一间办公室，并使它与整个房间天衣无缝地融合在一起。

间的使用频率。如果某个房间几乎整个白天都处于闲置状态，那么你至少可以用它的一面墙来作主工作区。当然也要考虑你的工作类型和工作量。厨房适合轻松一点的工作，如打账单和做计划；卧室适合读写，但是不能摆放办公设备或堆放文件。

家庭活动室和客房用得很少，如果你打算在家全职工作，你可以划出很大区域，把它作为家庭办公室。不管你选择哪里，都要把它设计规划成舒适温馨的空间；选用一些与整个空间相协调的家具、灯具和物件，让它有家的感觉。

　　白色的家庭房角落里设置的是一间宽敞的办公室，一张松软的座椅把办公室和其他空间区分开来。整个空间的布料和色调非常一致，工作区就像是从生活区延伸出来的一样。

■ 配套的沙发既作为半面墙又作为分界线。节省空间的设计结构内还包含了一个狭窄的工作平台。

■ 办公室物品放在低于座椅的地方，处于人们的视线之外；开放式架子可以陈列一些小物品。

■ 壁挂式卤素灯的灯光聚集在上方，照亮了整个空间，也可以为工作照明。桌灯集中照在特定的工作区，使整个环境更有工作的氛围。

角落办公室

　　现代家庭活动室一般都很大，要合理利用其空间。家庭房里有足够的空间用作办公室，同时也不会丧失其娱乐休息功能。

　　家庭活动房大多舒适宽敞。它们是家庭办公室的理想之地，因为当孩子们白天上学或在外玩耍时，这时候家庭房是闲置的。

　　为了保证工作时间和家庭生活互不相扰，你需要划定一个工作区。家具摆放和照明设计可以起到划分空间的作用。在你身后放置一个大型家具，如沙发、书柜或设置一个娱乐中心，这样就形成"一堵墙"。在家庭这样很随意的空间里，你不用设置一个清晰的界限，只需要一个细微的分界线划定出工作区。你也可以用照明来区分生活区和工作区之间的界限。当你应该和家人或朋友在一起时，关闭办公室的聚光灯、壁灯、桌灯和顶灯。任何一个单独划出的空间风格都应与整个房间的布局相一致。

卧房办公室

如果你的办公室能够与卧室其他部分相配，宁静而融为一体，那么把工作带进卧室也会是一种乐趣。

把办公区设在卧室这样专门用于休息的房间内是非常具有挑战性的，精心挑选的家具和巧妙的布置也可以在休息区和工作区之间创造一种和谐的氛围。精心设计的卧房办公室意味着你能够保证休息和工作互不相扰。

不管你卧室的布局是什么样子的，你总可以设计出与你卧室布局相配的一系列工作台和储存空间。你也可以从一套家用家具中选择几样，这样你就可以轻而易举地在工作和生活之间转换，如餐桌、台桌和软垫椅子。

还有一些其他的小技巧可以使办公区域与卧室融为一体。选用双用途的家具。例如，用小桌子作床头或梳妆台，使空间变得柔和。经过装饰的存放空间和别出心裁的物品存放方式保持了空间的宁静感。

空间格局点评

整个工作区完美地嵌入卧室的凹室中。这种设计巧妙地把办公室与整个布局相结合，并使之与周围宁静的环境相协调。

■ 办公桌上的家用家具，桌灯和带有脚轮的软垫椅子与卧室的背景非常相称。

■ 一张大小适中的桌子被安置于宽敞的房间中，增加了家庭气氛；它简单的风格具有一种静谧柔和的效果。

■ 一张木制长凳做是工作区和休息区的自然分割线。

■ 一摞摞书籍上面都放着石头，别具特色，无形中增加了房间的空间感。

放松

"我理想的家

包括一个休息的去处。

我要在每一处空间

停留、徘徊，

这样放松便不可拒绝。"

绝好休闲空间的组成要素

每个人都需要时间休息，如果生活中你的房间适合休息，那么你放松的机会就会大大增加。在你的家中，无论是室内还是室外，你要想办法打造出令人舒心、愉悦的空间，这样你只需慢下脚步就可以放松自我了。

休息时间对每个人的含义不同，方式也多种多样，既有自我休息也有共享休闲。所以要让看电视的区域、露台、手工艺室、走廊与儿童游戏室和你的卧室或起居室一样"诱人"。在以下的章节中，我们会像你展示一些简单的方法，让你和家人的休息之地舒适愉悦。

怎样设计休息空间

　　释放压力的最好办法是在你的日程安排中计划出休息时间。打造专门的休息空间，这样你的家人才会好好休息。

　　公共活动和个人追求的程度并不相同，但装饰房间时两者都值得重视。家庭是最好激发孩子灵感、培养孩子才智的地方。要确保有这样的空间来培养孩子，为培养孩子的创造性留出空间是彰显其重要性的一种方式，为自己的创造性留出空间也是非常重要的。同样，留出空间从事自己的工作也很重要。找一间利用率低的房间或者某个房间的一部分，甚至是一个大的橱柜作为你自己的

独创空间，每次你想工作的时候，你不必仔细规划，无论是缝制东西、练习书法、做剪贴簿还是做木雕。

　　建造媒体中心是一种非常流行的方式，媒体中心可以把家人团聚在一起。现在很多家庭都建有媒体中心，打造一个媒体中心非常简单。地下室和没有用到的阁楼空间都非常适合看电影，因为这些房间的窗户很少，这就意味着屏幕上不会出现反光。如果你有多余的卧室，倒也是个看电影的好地方，你可以用遮光的窗帘或灯罩或带有遮光内衬的窗帘挡住光照，整个房间就变黑了。橱柜是现成的存放多余CD、DVD、接收器和卫星电视盒的地方。下一页我们将向你展示一些物件，希望家庭媒体中心能够使你愉悦。

一间紧凑的媒体房

　　这间媒体房（上图和下页）位于二楼楼梯平台处。这一区域没有窗户，屏幕上也就不会出现反光。

■ 分区座位适合所有年龄的观影者。脚轮上的矮脚凳可以作为搁腿架或咖啡桌，也可以作为一个单独的座位。

■ 黑色的细木家具非常适合摆放在屏幕周围。当它关上时，它使电视机和音响不那么显眼。

■ 足够的存储空间非常重要因为电视机、电影和音乐的附带设备非常多。合理规划，把类似的东西放在一起，这样就有序多了。

工作室

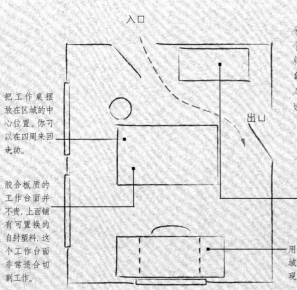

入口

出口

对于任何一个热情追求业余爱好的人来说，在家中打造一个专门的工作室或画室可谓是创新过程的一个转折点。即便是你自己的独立空间也需要逻辑的布局，所以要为你自己特别的爱好规划好它。

把工作桌摆放在区域的中心位置。你可以在四周来回走动。

胶合板质的工作台面并不贵，上面铺有可置换的自封塑料，这个工作台面非常适合切割工作。

架子部分可以提供直观的存储空间而不必占用太多的地面空间。用篮子盛放各种各样的材料，然后放到架子上。

用文件柜、多层抽屉和其他存放区域来扩大桌子或工作桌的面积，实现空间的最大利用。

家庭娱乐室

入口

出口

如果你家中正好有额外的房间，把它打造成为一个休息的地方吧。这个房间适合每一个人：学步儿童、高中生、爸爸和妈妈。

即便是大屏幕组合式电视柜也很合适。配套的柜子放着立体音响、其他的音像设备、CD和DVD。

大人可以在电脑前工作也可以留心孩子们的活动。

黑板墙非常有趣。黑板漆可以直接漆到板墙上。旁边的存储桶内放一些粉笔和而擦洗用具。

游戏桌的高度应稍低一点，这样孩子们也可以够到，但是心累人一点，可以放孩子们的各种玩具。游戏桌的表面应该易于清洁。

低矮的阁楼椅下可以作储藏放区。小孩子们的玩具可以直从此里另从的小房间内。

媒体中心检查单

错落有致的桌椅摆放可以使媒体中心像其他房间一样奢华，模块的巧妙安排又可以使观影区变得非常简洁。

座椅摆放

在你把购买大屏幕的冲动付诸实践之前，你要考虑一下可利用的空间大小。观看质量既受距离影响也受屏幕大小影响。如果是高清电视，把对角线的长度乘以2~2.5，结果就是座位的距离。例如，如果你的高清电视的对角线长度为70cm，那么最好的观看区域应该距离屏幕1.5m~1.9m。若对角线长度为145cm最佳距离为3m~3.5m。

30"（76cm）

60"-75"
1.5m~1.9m

柜子

大多数柜子都可以放下大屏幕的电视机，但是最好还是与你的电视机大小做一下比较。

音响

要按照说明安装家庭多媒体音响。一般来讲，音响应分别放在左右两侧，离墙壁最好远一点，要确保你和音响之间的距离大于两个音响之间的距离。

座位

组合沙发非常舒适，比够容纳史多人，但是你也可以选用带有脚轮的椅子或其他质地较轻的椅子，这样可以保证充足的座位。

隔音

这间房间需用地毯铺满整个地板并安装厚重的窗帘，因为硬质地面而会传声音尖。

funk & soul

flexibility
YOGA
YOGA
flexibility

JONAH
JONES

在过去的三十年里多媒体以超乎想象的速度不断发展，我们的多媒体生活方式也随之改变。在家中人们就可以享受到音乐会一般的视听效果，想看的电影可以随时在平面屏幕上播放，CD 和 DVD 随心而动。这些不仅改变了我们休息方式，也改变了我们家庭布

打造多媒体房

最好的多媒体储存空间可以把一切变得整洁有序，这样你就可以迅速找到所需要的东西，而它本身又是一种装饰元素。

置的样式。不管你的视频娱乐区是设置在一个单独的房间内还是在某个房间的一片区域内，如果你想要这片空间与你的整个房间完美地搭配起来，必须保持有序性。幸运的是，现在对于家庭电子设备人们可以定制特殊设计的家具，而且样式多种多样，能够与房间的布局相衬。大多数包括房间的配饰、视频或游戏硬盘区和遥控器。在媒体存放设备和配件中你也可以搭配一些老式物件或装饰性物品。现有的选择很容易使媒体存放区变得别致时尚。

直观存放

在一个专门的家庭娱乐室内，一个富有逻辑的计划可以使一切井然有序，也可以保持空间的整洁干净。

现在大多数家庭都逐渐拥有各种各样的媒体设备却没有足够的空间存放。使空间最大化并保持有序性的最好办法是住户自定义存储。每个房间的存放规则都显眼、简单。划定出特定物品的特定存放区域，整个布局就会变得直观可感。把最常用的物品置于视线之内比较近的地方，其他物品存放在关闭的存放区。例如播放器附近的罐子里可以存放孩子最喜欢的 DVD，其他的可以放在柜子里或厨子里。合理调整架子的高度，清楚地标示出每层存放的物品，这样物归原处就只是举手之劳。

空间格局点评

一个巧妙的存放系统可以创造出一种秩序感，媒体房内的任何人都知道东西的存放区域。

■ 可调整架子把壁橱转变成存储柜，可以存放电子零件、唱片、磁带和影集。架子之间的连接非常紧密，可以根据存放需求任意调整，实现了空间的最大存放。

■ 活页夹内放着家庭照片、信件和剪报，显得非常整齐，因为大小和颜色都非常相衬。

■ 干净的塑料罐子内放着你最喜爱的 CD，这样当你需要时你就不必翻遍所有的 CD。

■ 开放式架子上整齐地放着最常用的物品。

■ 远程控制盒就在眼前，这是确保你需要的时候能够及时地找到控制器的最好办法。

用这间复杂的房间来做多媒体中心绝对是大材小用，它不仅是看电视的地方也是读书、游戏的好地方。

■ 立方体形状的架子使每个架子隔层都像是一个独立的展区，墙壁除了作为媒体摆放区也有了自己的特点。

■ 媒体柜嵌入显示墙内，自成一体，每层都带有抽屉。当人们不看电视时，关上的门可以把这些东西都隐藏起来。

■ 安乐椅上垫着可洗绒面革，搁脚凳上垫着黑色皮革；两者都方便清洗。

■ 柔和的色调使展示墙成了为空间的焦点。

平衡展示

一面好看的展示墙内嵌有定制的存放柜，整面墙把所有的媒体设备连接起来，周围可以用其他物件和艺术品进行装饰。

在展示墙中间区域打造一个存放柜是一种有效且巧妙的做法。电视屏幕周围环绕着网格状的家具，这样你的兴趣和娱乐都得到了应有的重视，存放柜的柜门既可以打开也可以关闭，展示墙会变得宽敞一点。这是一个绝妙的点子，空间可以发挥双重作用，例如家庭房、卧室和书房。媒体配件和相关设备应存放在离电视机很近的地方，所以在电视附近也要放置额外的抽屉和架子。当柜门打开时，让门滑向后方，这也是一个好点子。

媒体空间应该和孩子共享，因此要选用一些易于清洗的织衬物。现在皮革和绒面革也非常便宜，由此，即使是家庭空间也可以设计的精细别致。棉花也是一种便于清洗的装饰物，特别是轻质地的绒绒织物。

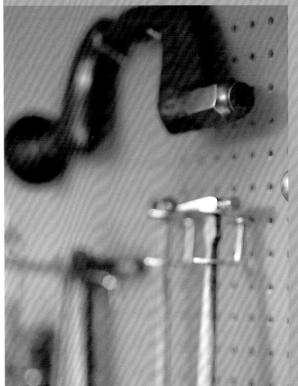

每个人都有某种程度的创新天赋，拥有一个可以追求创新性的空间是一件终生的奢侈品。不管你的爱好是静静雕琢艺术品，还是沉默地思考问题，你都需要一个空间做你所喜欢的事，这样能够保持生活的平衡性。这个空间也许小至厨房一角的一张桌子，也

激发**创造性**

在某个空间里，你可以尽情施展你的才华，挥洒你的热情，这样的地方应该是鼓舞人心的。精心设计，创意装修，彰显个性。

可能大至一个阁楼大小的工作室。重要的是这个空间属于你。最好的创意空间应该是一种混合，既富有条理又给人带来灵感。首先划定出一个符合你要求的区域。合理安排家具的摆放、灯光和存放布局会使整个空间秩序井然，把所有的东西按照你的工作流程来摆放。然后再集中到细节方面。你周围最好摆放一些你喜欢的物品，书架的空间要充足，摆放参考书籍和杂志，这样能够让你为自己的工作感到自豪。尽可能保证空间的隐私性，在房间内安放一张安乐椅或者摆放些其他的便利设施，这样你就有地方静心思考了。

一间阳光普照的工作室

艺术家寻找未曾过滤的纯净阳光练习一些工艺。最具创造力的空间一定是阳光普照、整洁有序的。

视觉艺术家的需要，实际上是坚持要求自然日光。将这种偏好用到你自己的空间内吧，不管你手头的工作是什么，这都会使你活力四射、精神焕发。

不管你的创意空间内摆放的是画架、写字台还是这些东西的布局要保持条理性。工作台面要摆放在光照区域最大的地方；北侧的光是很理想，但是任何自然光都能够激发创造性并使心情愉悦。要想从窗户透过的光照最多，要选用透明的窗帘和百叶窗。或者直接用假窗代替也可以，这样能够最有效的利用光照。

空间格局点评

地板上洒满阳光，房间布局紧凑有序，这间书法家的工作室把每天使用的工具和在制品放在首要位置。

■ 房间两侧的无遮蔽窗户使书法家的工作桌沐浴在阳光中。

■ 一张小小的写字台安放在房间内，为已经完成的作品和艺术用品提供了存放的空间，也为艺术家最喜欢的书籍和物品提供了摆放的空间。

■ 工作样品悬挂在普通的麻线上，捕获光线，本身也成为房间内的装饰元素。

■ 地面上的一叠书使得空间看起来随意自然，增添了一抹色彩，墙面也变得朴素简洁。

■ 可调节的工作台灯夹在绘图桌上，在晚上和阴天的时候可以补充自然光照或环境照明的不足。

有机设计

一个简朴却有序的花园盆栽棚提供了一个有价值的组织范例，这种范例适合任何创新性空间。

很显然"一切都各得其所"不仅仅是一句标语。它是一种哲学思想，每个富有创意的人都能够从其中获益。每项活动都有其自然位置，所以要注意你的工作节奏，并根据工作节奏安排空间布局。

这个富有条理的盆栽棚是一个完美的示例。它为特定的杂物划分出不同的存放区域。如育苗、植物移植、园艺手册或杂志。包括特殊设计的物品存放篱笆桩、土壤、肥料、种子等。有专门的工具存放区域，也有工具清洗区域，甚至还有专门的纪念品和收藏品存放空间，使空间充满了个性化特点。

空间格局点评

一个倾斜的后院盆栽棚，内有各种各样的架子、水桶和镀锌的柜台，这提供了一个愉悦的工作之地，可以让你一整天忙于园艺或组织工作。

■ 你可以像在厨房中那样组织多样化的工作区域。湿一点的地方，因为植物移植土壤溢出，要与用来做计划或阅读的干燥区域分开。

■ 一只带有起重杆的镀锌桶中盛着干砂清理手工工具，把这些工具存放在桶内，防止生锈。

■ 木质抽屉划分为独立的小空间分别存放带子、标签和一包包的种了，这种有组织的体系不会让你放错东西了。

■ 废弃物很适合现有的粗糙花园棚，自然痕迹使它们在视觉上浑成一片。

■ 性垃为空间增加了灵感和个性。

画家的眼睛

当建造工作室时，要像艺术家那样思考问题。富有想象力的存放和有创意的空间设计方法会为整个空间注入你自己的个性特点。

艺术家善于从杂乱中找到秩序，这是一种天赋，有时候可以延伸到他们周围的环境中和他们的工作中。把艺术家充满想象力的眼睛转向具体的工作室搭建中，可以打造一个富有特色的工作室，整个工作室看上去也会像是一件艺术品。

富有创意并充满智慧的工具、材料和在制品存放方法使得整个空间在视觉上非常协调，也增加了空间的变化感。寻找灵感打造不同寻常的存放工具。把颜料盒安装在墙壁上，形成"进进出出"的盒子，或者是别具趣味的方法重塑富有想象力的存放空间，例如用小孩子的板凳存放那些经常用到的材料。发挥你的创造力，进行空间设计，想办法做到空间的最大化利用。沿着墙壁存放物品可以使你在空间的中央区域自由走动；工作台上的物品存放要集中，你可以从任何方向取到物品并且要留有过道。

你没有必要为了户外享受和户外体验专程去森林或海边旅行。其实户外享受是一件再简单不过的事。把你的目光转向自己的后院吧。不管你的后院或者天井有多大，你都要最有效地利用它，把它设计成为一个你乐于前往的迷人之地。人们一般最后才会

户外享受

成功的起居空间让人们轻松舒适。有效的座位安排让人们放松，变得健谈。

注意到户外区域的装饰，但其实不应该是这样子的。使它变得如家庭其他地方一般舒适，把你对风格的感受带到户外家具中去，不管是乡村休闲式的、海边时髦式的或者是带有凉台的小屋子。

时尚的耐风雨织物可以装饰你的室外空间，就像你装饰其他房间一样。你最喜欢的户外娱乐是什么？在进行空间设计的时候就要考虑自己的娱乐爱好对空间的要求，要使其简单方便。要寻找增加舒适感的办法，座位安放要便于谈话交流，桌子的面积要充足，以使用来摆放水果和食物，柔软的垫子可以用来休息。最后的装饰如亚麻布、蜡烛、灯笼和饰品可以使整个室外空间刻上你的烙印，而其他如毛巾、曲拐和枕头的物品可以让客人有种宾至如归的感觉。

小屋风格

如果精心设计的话，在整个夏季，游泳池畔的小屋也可以成为一个令人喜爱的去处。

令人放松的户外生活的关键是把美与舒适和方便打扫的优点结合起来。这意味着为每个人提供舒适的座位和方便的设施，但是要确保家具经久耐用。选用那些与其他元素相协调的木质实用家具。放置足够多的枕头和色彩鲜亮的窗帘与室外景色相衬，一年四季看上去都崭新如初。选用抗风化的帆布庭院伞或遮阳篷搭建一个休息之地。要存放两套餐具，用毛巾或水壶增加空间的趣味性。

空间格局点评

游泳池畔的这种布局围绕着两个独立的区域设计，令客人无法阻挡它的魅力，沐浴阳光或是在阴凉处休息。

■ 抗风化的休息之处，把颜色鲜亮的厚绒毛布置沙发垫子放置在此，此处也放有固定的饮料托盘。篮子里放着夹脚拖，客人可以随便取用。

■ 当游泳的人想在游泳池旁休息时，帆布遮阳伞可以提供一处阴凉之处。带有帆布帘的池畔凉亭和舒适的座位为人们提供了相约晒太阳的地方。

■ 柚木长椅既可以用作鸡尾酒桌，也可以在举办晚会的时候搬到室内使用。

■ 五颜六色的塑料托盘上盛放着美味的食品。

逃离都市

一个小小的花园阳台完全可以变得和大大的院子一样舒适。在室外最渺小的地方打造一个天堂吧。

城市居民和乡下居民一样需要室外放松和休息。幸运的是，在天井或阳台就可以打造一个宁静的绿色之地。首先要看一下大小，你选择的家具和植物应正好符合其规模。精心选择的小物件可以让整个空间充盈丰富，即便是一排简单的绿色植物也可以形成一种整体感。其次，选用经久耐用的轻质材料；带有滚轮的塑料容器可以方便旋转植物以满足其对光照的需求。最后，不要忘记光照；花盆里的几盏太阳灯增加了趣味性，也使花园在夜晚显得更加美妙。

空间格局点评

这个小小的城市阳台比大花园更有冲击力，其得益于其巧妙的比例划分。

■ 轻质塑料花盆里的茂盛植物使阳台的边缘变得柔和了许多，看起来像花园的边界线。

■ 久经风霜的支架使阳台看上去更自然；它们可以放在钢筋混凝土之上，使城市里的天井更纯朴。

■ 太阳灯灯笼和圆球在夜晚投下柔和的光。这些灯只需要六个小时的光照，既环保又富有美感。

■ 涂层金属玻璃既防风雨，占用的空间也不大。在天气晴好的时候可以把海草矮脚软椅搬到室外用来休息放松。室内的海草制品可以使整个空间都令人非常放松。

空间格局点评

这间船坞房的魅力在于家具易于维护且舒适度高，个人修饰又增加了几抹自然之色。

■ 简单胶合板墙壁上的淡淡粉刷使空间连成一体，也使整个空间变大，同时也是一种衬托。

■ 插钉板像是一个步入式橱柜，用来存放船具和水上运动器材，也为家中其他物品提供了额外的储存之地。

■ 家庭照片和纪念品使空间带有个人特点也有室内房间的特点。

■ 鱼钩既可以用作毛巾和其他物品的挂钩，也可以随意做托盘的手柄。

一间船坞家庭房

这间户外船坞房和室内房间的装修一样，对于住在海边的家庭来说绝对是个休闲的好去处。

当除了水畔你不想去别处时，为什么不在泊船后去船坞呢？把这个受到保护的空间变成家庭房，在水畔延长每天的下午和夜晚。你所需要的只是几个放松身体的舒适之地。可组合的地方就完全适用，加上些个小修饰，便让此地为成为家庭的一部分。

用鲜亮的颜色和各种各样的形状来引导整个设计吧。选用轻质的家具，可以简单挪动，当夏季结束时也可搬回室内，将硬质的织物用作椅垫。要以有一个存放如沙盘板和纸巾单导便者的地方，但是不要随便把它们堆放在人们看不到的地方。在这小空间内，最重要的是自然之感。

色 彩

"色彩具有使人平静、舒适、受到鼓舞和激励的伟大力量。我希望将色彩带入我家中的每个角落，享受色彩给予我的快乐与美丽。"

色彩选择

如果你想要改变房间的色彩搭配，首先应该确定自己喜欢的色调。在巧妙搭配的"调色板"上，你可以找到一种将自己房间的色彩搭配得更加和谐统一的方案。

"房间的墙壁应该选择哪种颜色"是听到顾客最常问的问题之一。为了回答这一问题，我们会将最满意的墙体颜色展示给大家，并解释其中的原因。我们的颜色选择大体上分为两大类：一是朴实中性的颜色，二是柔性饱和的颜色。在每个类别中，我们更倾向于较柔和的颜色，朦胧而非明亮，温暖而非热情，

舒适而非紧张。这些颜色能引起人的共鸣，而非"大喊大叫"，我们坚持的原则是，墙壁的颜色应当突出而不是压过房间内家具的颜色。

即便你只是想给一间房间涂漆，对房间的整体颜色进行统筹设计也是很有必要的。房间色彩的舒缓线条为房间创造了一种和谐统一的环境，简化了色彩挑选的过程。你可以用下一页的例子作为出发点。需注意的是，书中所有列出的颜色样本都标出了与其最接近的本杰明摩尔涂料的名字和参考号。因为色彩喷涂的过程会影响色彩的效果，所以一定要对自己喜欢的颜色样本进行测试。

光线与价值

一种色彩会有各种各样的色调，有些倾向于明亮，有些倾向于较暗的色调。在房间照明条件不同的情况下，相应地选择的颜色也不同。

■ 如同上面图片展示的那样，**自然光线和阴影**将涂料的颜色影响为各种渐变的色彩：几乎所有颜色都变成了与之前截然不同的颜色。在购买涂料时，你一定要确保经过自然光和人造光的双重检测。

■ **色彩的浓淡**指的是一种颜色的明亮与深谱。在上图所示的颜色渐变图中，从上方较浅的墙壁颜色（淡色）过渡到下方的深色调（阴暗色调）。选择你喜欢的一种颜色的不同色值可以帮助你有效地协调房间的颜色。

制定色彩计划

　　因为每种颜色都是在其他颜色的衬托下才显得更加和谐统一，所以在选用色彩时，一定要将房间作为一个整体进行规划。

■ 可以将相同色度的不同色彩搭配在一起，这样可以使不同的墙壁颜色相得益彰，如客厅、书房和大厅。

■ 大厅应该选择一种过渡的颜色，使房间整体色调和谐统一。

■ 为了同书房灰褐色的暖色调进行补充和搭配，厨房和早餐区应使用浅灰色。

■ 走廊采用的是与其相邻的厨房的颜色。为了进一步密切空间上的联系，走廊的天花板应采用厨房橱柜所用的蓝绿色。

■ 餐厅应采用暖色调的中性色，但是相对于灰色，茶色更好一些。

■ 镶边修饰采用的是素白色，即略带一些温馨之感的白色。

素白色2143-70

米色OC-11

科灵伍德 OC-28

沙色AC-34

灰色2141-50

巴克斯顿蓝HC-149

素白 AC-30

开敞式平面布置的
颜色选择

　　当家中的多个房间可以同时一览无余时，将房间的整体色彩进行协调统一是重中之重。

■ 从你喜欢的颜色入手。例如，本设计是以餐厅采用的深铁锈色入手的。走廊另一侧的书房采用的是较浅的色调，这样的色彩设计有助于缓和餐厅色彩。

■ 像卫生间的金色、暗褐色这种饱和色，多适用于使用频率较小的房间。

■ 将走廊使用的颜色一直延续到客厅，这样可以产生一种方向上的指引感。此处选取的中灰灰阳色可以与相邻的房间进行补充和衬托。

■ 中心区域应选取中性色。较浅的石质颜色让厨房看上去更加稳定坚固，灰褐色为客厅增添了几分深邃，而起居室的奶油色能让整个房间显得更加宽敞与明和。

■ 镶边修饰选取的是素白色，这种处理的颜色让整个房间那几分清爽起来。

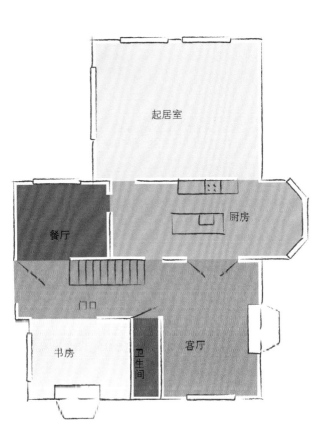

超白

象牙白OC-8

费城奶酪白HC-30

温泉石AC-31

灰褐色AC-36

金黄2166-10

褐色HC-68

中和色和大地色基于大自然的色调，会让人产生满满的幸福感，如石色、奶油色、天蓝色、翠绿色、赤褐色和深黄色都是很好的例子。浅色组的后半部分是对受大家喜爱的中和色的展示，而集力于宠发于一身的大地色则位于深色组的结束部分（详情请见接下来的内容中关于个人色彩搭配的介绍）。中和色会给整个房间带来温馨与静谧，而且有了中和色做基础，你完全可以大胆地应用那些较为热情奔放的颜色。

中和色 & 大地色

赏心悦目、舒适放松，中和色和大地色真的是无所不能啊！如果你想要一间自然舒缓的房间，那么你一定要抓住这两大类颜色的功能。舒缓和抚慰身心，这是一种绝佳的选择。

暖色调的颜色会让房间看上去更加深邃；通常情况，像奶油色和棕褐色这种暖色调的中和色与红色和黄色搭配在一起真的是相得益彰。像灰色和白色这种较清爽的暖色调中和色的最佳搭配色就是清透的蓝色以及其他冷色调的颜色。大地色是对中和色的一种自然的延伸，但是色彩更加浓郁、温馨。你完全可以根据自己的喜好和房间内的光线强度增加或降低其色彩强度。例如，如果你想要营造一种安静的环境或倾向于将房间布置成色调较暗的视觉效果，你可以只将面墙壁涂上饱浓烈的大地色。

为了给房间增添时代感，在选择色彩较暗的大地色时，应为之搭配一些亮色，如黄绿色或日光黄等清新、敏锐的颜色。

中性色的选择

在色彩的世界里，中性色并不意味着乏味与平淡。中性色包括一系列微妙的变化以及暗示性的蓝色、绿色、红色和黄色。颜色的渐变会为整个房间增添更多的优雅与深邃。

中性色是色彩世界的变色龙，中性色包含一切白色、灰色和棕褐色，同时横跨暖冷两大色调，根据一天中光线的微妙变化而发生变化。根据中性色的颜色值不同（即明亮度不同），其既可用做主色，也可用作背景色。在将不同色值的颜色混合使用时，中性色往往带来静谧与平和之感。因为和其他颜色相比，中和色更能传递出微妙与敏锐的灵性，对于开放式房间而言，中和色是自然之选。

所有中和色的底色都包括红色、黄色、绿色或蓝色。当将此种颜色的油漆涂至墙壁上时，其底色会更加明显。例如，纯棕褐色的底色中含有红色，卡其色较倾向于绿色，而另一种棕褐色可能含有黄色的强光部分。同样地，灰色更倾向于暖色调还是冷色调取决于其底色中含有的红色或蓝色的多少。当只看着一种单一的颜色时，很难看出其中的区别，但是当将几种不同的中和色放在一起时，其中的差别就显而易见了。

选择颜色时，一定要将木质地板、嵌入式橱柜、地毯以及特定建筑特色的颜色基调（如附近有石块、砖块等材质）考虑在内，例如，暖色调的颜色可以与橡木这类材质进行搭配。墙壁的颜色要么与房间材质的底色相协调，要么与其相反，以此突出其颜色上的强烈对比。

中性色情绪板

当你选择颜色时，将自己喜欢的色彩收集起来并创建自己的"情绪板"是一个良好的开端。

■ **较柔和的色彩**应与较为生动活泼的混合材质搭配在一起，这样才能提高整个房间的视觉趣味性。将丝绒、亚麻和其他材质融入其中，增加视觉效果的多样性。

■ **像岩石、贝壳、编织材料、仿旧的木质材料这类的粗糙材质**可以提高空间的轻松惬意之感。

■ **通过冷暖色调的相互搭配**，创造一种视觉上的对比。你并不需要明亮的颜色来增加多样性，例如，可以使用淡淡的紫色或蓝色来衬托灰色或棕褐色。

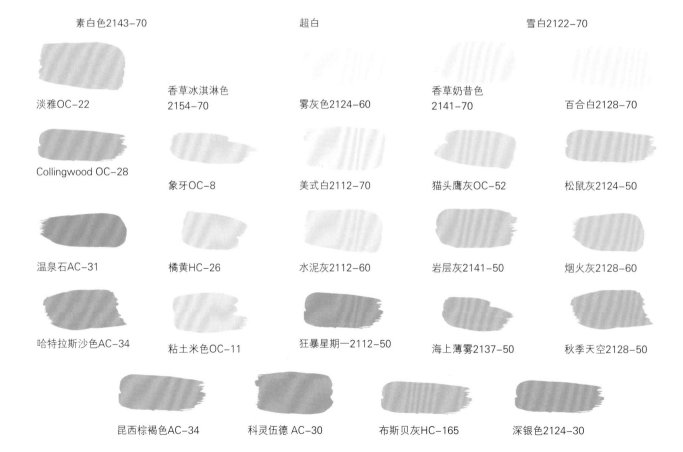

素白色2143-70　　超白　　雪白2122-70

淡雅OC-22　　香草冰淇淋色2154-70　　雾灰色2124-60　　香草奶昔色2141-70　　百合白2128-70

Collingwood OC-28　　象牙OC-8　　美式白2112-70　　猫头鹰灰OC-52　　松鼠灰2124-50

温泉石AC-31　　橘黄HC-26　　水泥灰2112-60　　岩层灰2141-50　　烟火灰2128-60

哈特拉斯沙色AC-34　　粘土米色OC-11　　狂暴星期一2112-50　　海上薄雾2137-50　　秋季天空2128-50

昆西棕褐色AC-34　　科灵伍德 AC-30　　布斯贝灰HC-165　　深银色2124-30

（图 1）：洁白如雪

白色是最基本的中性色。将奶油白的墙壁同白色系的家具和装饰品相搭配，并辅以光彩熠熠的木质材料和柔软的皮革等小件家具，整体效果清新宜人、脱俗超群。虽然整个房间主要为单色调，但是在突出颜色和底色的精心设计和细致的平衡之下，让整个房间温情洋溢。

（图 2）：配对颜色

如果卧室的颜色是暖色调的棕褐色，那么旁边的走廊最好配以淡黄色，即选择其底色进行搭配。在对一间房间的色彩搭配进行设计构思时，一定要将房间之间颜色的转换问题考虑在内。只要经过精心的设计，金黄色的木质地板、引人注目的床头柜和房间的整体颜色可以完美地搭配在一起。浓白色的装饰线条和橱柜、白色丝绸和棉质床上用品相互融合，为房间的整体温馨之感提供了一丝清爽与纯净。

（图 3）：典雅内敛

当将多种颜色混合在一起时，暖灰色会让人产生一种死气沉沉的单调之感。与深棕色木质橱柜、石质台面、整洁的白色镶边和窗帘等融为一体，浴室的墙壁颜色会显得更加柔和平缓，完全符合浴室"让人放松身心，抚慰心灵"的理念。整体空间的光滑感与多种材质完美搭配，配有坐垫的靠窗座位、整齐的毛巾、镶缀的地毯和海绵制品。

选择一种大地色

将有机颜色用于家中便可以简简单单地营造一种自然、温馨的感觉。大自然的深邃、优美之感是不会随着时间的流逝而轻易消失的，而是会让你感受到永久的乐趣与幸福。

大地色指的是那些在大自然中发现的颜色：炭黑色、栗色、赭色、柿子橙、紫红色、赤褐色。这些颜色十分常见，让人不禁觉得亲近、宽慰。虽然我们选择的大地色比中和色深暗一些，视觉效果也更加突出，这两种色系都能产生相似效果的柔和之感。大地色吸引人的关键一点就是其带给房间的舒适感以及广泛的用途。大地色既不偏向于女性，也不偏向于男性。尽管大地色本身比较倾向于较淳朴、随

意的房间，但是对于精致的客厅也同样适用，可以为奢华的装饰品营造绝佳的背景。如果你的房间选用的是木质横梁、木质地板、石砌或砖砌的壁炉这类的天然材料，那么大地色就是最佳的选择。同样，大地色适用于使用频率比较高的房间，如家庭活动室或浴室，这些房间比较适合较深的色系，创造出一种温暖舒适的宅式生活。对于多媒体室而言，较深的大地色可以减少眩光，使荧幕上的颜色更加明亮。

大地色除了具有丰富性这一特点之外，还能和各种重色调色彩完美搭配。当大地色遇到奶油白，一种精致、清爽、考究的效果便油然而生。如果想营造一种层次分明的有机之感，那么装饰线条或装饰品应采用主卧室的柔和色调或再选择一种大地色。

大地色给予的灵感

当选用大地色时，一定要发掘更多的色调。不要只局限于褐色或赤褐色。

■ **在大自然中寻找灵感**：即便是朴实的自然景观也会包含一些大胆的色调。你完全可以将一些更为浓烈的色调应用到房间的色彩搭配之中。

■ **选用颜色时，要将物体的材质问题考虑在内**。同样的颜色用在皮革、亚麻制品和绒布上会产生截然不同的视觉效果。因为材质会对颜色的效果产生一定的影响。

■ **图案因素的影响**：无论是固色的网格编织品还是印花图案面料的重复，图案式样在颜色在布局方面都扮演着至关重要的角色。

金黄2166-10　　奥莱咖啡2098-40　　褐色AC-36　　灰AC-27　　蓝2135-40　　绿2141-40

新栗色AC-6　　深棕色2098-30　　褐HC-168　　灰HC-168　　灰HC-162　　草叶绿2143-10

秋铜色2162-10　　Cimarron 2093-10　　褐H-68　　碳色HC-166　　暗夜白鸽2128-30　　桉叶绿2144-20

褐HC-73　　沙漠风暴2114-30　　石褐色2112-30　　沥青色2135-10　　保罗蓝2062-10　　军绿色2141-30

（图 1 ）：浓烈且自然

每每提到大地色，人们通常会想到棕褐色和红色，但是蓝色和绿色同样是从大自然中提取出来的颜色，而且是大地色的重要组成部分。这里，深灰蓝色起到了将木质材料的红色调"冷却"下来的作用，而深灰蓝色的地毯可以起到与其交相辉映的作用。相对较暗的墙壁颜色可以营造出温馨港湾的柔和氛围，而这也正是大型开放空间的一部分。

（图 2 ）：静谧与恬淡

经过精心的设计和色彩搭配，一间房间可以同时呈现出生机盎然却又温馨柔和之感。淡褐色的墙壁，雪白的镶边修饰，精心裁剪的罗马帘，整体的搭配让房间显得十分宽敞。与之相反，地板和家具的深色调成功实现了墙壁的浅色调与中心区的深色调之间的完美过渡。深棕色和大地色会让房间看上去质朴淳厚，而墙壁的灰白色会提升并扩展房间的整体效果。

（图 3 ）：自然且精致

大地色会赋予精致的空间以自然之感。咖啡色加米黄色的混搭，再配上雪白的镶边修饰，一间巧妙且随意的客厅便立即优雅起来。天然材料以及小件家具的颜色可以与大地色形成互补，并增加材质的层次感，如绒布、绒面革、皮革、木材、遮挡窗子用的木条等。沙发的这抹红色点亮了整个房间的"调色盘"，为整体色彩设计带来了生机与活力。

有些人认为，如果房间中缺少一抹红色，那么这个房间的色彩就是不完整的。如果想要寻找一种有代表性的颜色，绝大多数人首先想到的颜色必定是红色。而红色恰恰也是饱和色的典型代表，最能够说明饱和色所做的贡献和产生的影响。强烈的色彩会让人产生

饱和色 & 柔和色

对于那些喜欢强烈的色彩并想将其用于家居设计的人来说，要在选择大胆颜色的同时注意设计的层次感，只有这样才能使整体家居设计的和谐统一。

耳目一新的感觉，吸引人的注意力。对于那些比较倾向于深紫色、翡翠绿、靛蓝色或橘红色的人来说，道理也是相同。

选用饱和色的关键因素就是颜色的纯度。我们所说的"柔和"严格意义上讲并不是饱和色的对立面，而更像是能够与其水乳交融的朋友。柔和色是浪漫的、优美的、不朽的，也包括从大自然中提取的较温馨的色调，如蔚蓝色、淡紫色、柠檬色、长春花色、玫瑰红。这些颜色与中性色或其他色值相同的柔和色搭配在一起，会产生鲜明的层次感。柔和色通常是浴室、卧室或婴儿房的首选，但是换一种角度，将其用在客厅、餐厅或厨房也同样会产生意想不到的美妙效果。

选择一种饱和色

对于比较抢眼的颜色，有些人不知如何搭配，有些人却认为缺之不可。选用大胆的颜色虽是一种很有价值的冒险，但是同样需要精心的设计和周到的规划。

对于想要在房间创造"剧场"效果的人来说，地板全部选用饱和色是一件十分大胆的事。在你决定尝试之前，可以先进行一个简单的试验。划分出30cm～120cm的空间，将你选用的颜色涂抹在墙上（最好是两面墙），这样你就可以清晰地对比出该颜色在不同光线条件下（包括灯光）的不同视觉效果。如果你在两种或更多的颜色之间犹豫不决，那就把每种颜色都对比一下吧。在每种不同的颜色环境中生活一周的时间，看看哪种颜色更符合自己的要求。

现在有一种日趋流行的颜色搭配方案，即用一种大胆的色彩突出强调一面墙壁或房间入口的建筑风格，这种设计比较适合相对较传统的家居装饰品味。这种方法可以立刻为房间带来能量与活力，同时也可以使循规蹈矩的家居色彩师大胆创新；另一种方法就是从使用频率相对较小的房间进行尝试（如专用餐厅），这样一来，与使用频率较高的房间相比，墙壁的色彩强度对你造成的影响就没那么大了。

无论你选择的房间面积有多大，要平衡大胆颜色与浅色调元素之间的关系，如白色的镶边装饰、浅色调或中和色的家具、色调较柔和的装饰品等。总之，最重要的是不要将饱和色使用得过于夸张。一间房间只使用一种明亮的颜色即可，同时也要考虑相邻房间的色调。

饱和色激发的灵感

一间房间同时应用多种大胆的颜色是不太可能的。要找到一种既是自己喜欢，同时也与房间内其他色调相搭配的色调。

■ 进行色彩规划时，无论你面对的是一整间房间还是一面墙壁，对饱和色的选择一定要谨慎周到。色彩对房间整体构成的影响是不容小觑的。

■ 小件家具应选用可以将颜色效果带到其他房间的色调。枕头、床罩以及其他小型家具，无论是风格简洁还是花纹图案，都是色彩规划中必不可缺少的部分。

■ 选用色彩时，家具表面装饰一定要考虑在内。淡色调的木质材料可以与饱和色完美结合，暗色调的木质材料可以更好地烘托出颜色的效果。

黄2154-40

山楂黄HC-42154-40

绿2154-40

绿HC-118

芥末黄2154-20

浅黄HC-28

绿2143-20

绿2144-10

红2006-20

草碳色2103-30

2116-30

绅士灰2062-20

焦糖拿铁色2166-20

深色一品红2091-30

蓝HC-145

蓝HC-159

（图❶）：舞台般精致

　　像这样的半面墙壁可以起到从开放式餐厅向厨房工作区域过渡的作用。这种墙壁是饱和色的绝佳选择。如果你想要享受浓重色彩带给房间的美轮美奂的视觉效果，那么用一种大胆的颜色突出强调一面墙壁将会是一个明智之选。用一些装饰性的物品，像抱枕、餐桌饰品等小件家具将色彩沿承下来。红色是一种经久不衰的颜色，带给人们的是激情与活力。

（图❷）：纯洁且不乏生机

　　黄色通常可以营造一种愉悦、温馨的视觉效果。想想夏日乡村黄白相间的小屋吧，炎炎夏日给人带来一种清新、明媚之感。但是右图中万寿菊般饱和的黄色会带来一种更加淡雅脱俗的感觉。如果你正在为整间房间的墙壁挑选颜色（特别是客厅），最安全的办法就是避免选择较为极端的颜色，而是选择一种中间色，这样不仅可以使所选颜色产生应有的视觉效果，还可以增强家具的整体效果，使家具依旧是房间的焦点。

（图❸）：舒适时尚

　　空间的大小并不会影响饱和色的效果。尤其是营造一种幽静恬淡的工作、读书或放松的环境。紫红色的墙壁再加上温馨的木质家具，这种阁楼式的房间效果可以让你感受到舒适与惬意。白色的木制家具是明智之选，它可以打破房间色彩的束缚，很好地平衡浓烈色彩与暗色调。人们都希望每间屋子光照充足，这一点对于选用饱和色的房间非常重要

选择一种柔和色

不要将淡色调的颜色混淆，柔和色本身都会产生一种清爽、纯净的效果。柔和色远远比我们预想的要更加"神通广大"。无论是与不锈钢还是护墙板材料搭配，柔和色都会成功营造出完美的效果。

过去，柔和色一直是卧室和浴室的首选，但是如今，客厅、餐厅和厨房都可以选用柔和色，它能让人产生精神振奋之感。随着技术的进步和观念的转变，用柔和色装饰房间的方式也已经得到了革新。柔和色与印花织物是一种亘古不变的流行搭配，而柔和色与纯白亚麻装饰品的搭配也是无处不让人倾心。为了使柔和色在家中的每一个角落都可以大放异彩，选用略微灰暗的衬托物加以搭配，这样就可以避免柔和色造成的过于甜腻或明亮的效果。

与饱和色一样，柔和色可以与白色镶边修饰的点缀相得益彰。对于用在边框修饰或天花板上的色调，可以在其中加上几抹白色，营造出灰白的柔和色。确定自己喜欢的颜色后，在相邻的房间选用该颜色的不同色值颜色，这样就可以实现相邻房间颜色的和谐统一。例如，在卧室的墙壁色彩中加入白色，并将该种颜色用在浴室的墙壁上。或者，你可以将走廊的墙壁颜色定位为比卧室颜色暗一些的色调。色彩师可以帮助你选择不同色值的颜色并产生温馨优美的视觉效果。

柔和色与银质装饰品十分搭配。从外婆的银质首饰和现代的铁质相框中，都可以看到柔和色与银质装饰品的完美搭配。如同黑白照片的背景一样，柔和色在明亮的艺术品和含对比色的物品上效果非凡。

柔和色激发的灵感

选择柔和色时，"清新"要远远优于"精致"。你要找到真正吸引自己的柔和色，让自己产生早春时的清爽与夏日清晨的惬意，与此同时，你也会联想到那些与之相对反的有朦胧之感的事物。

■ 在选择家具时，其颜色不一定要与墙壁颜色相搭配，相反，你可以选择波动较灵活或与之互补的色调。

■ 像柳条制品、酒椰叶纤维、亚麻制品以及剑麻这类的天然材料在柔和色系的房间内尤为引人注目。

■ 考虑颜色值：精心选择墙壁颜色，对于镶边修饰、装饰品和纤维制品，选用墙壁颜色较淡或更深的色系。为了达到对比的效果，如果墙壁颜色是暖色调，那么应在其他地方选用一些冷色调的颜色作为补充，反之亦然。

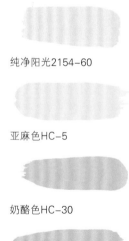
纯净阳光2154-60

绿HC-117

夏日雨露2135-60

淡紫2114-60

亚麻色HC-5

绿HC-141

蓝绣球花2062-60

草莓奶油色2103-70

奶酪色HC-30

厥色2144-40

牛仔蓝2062-50

浆果色2103-60

稻草黄2154-50

薄雾HC-1

蓝HC-147

淡紫色2114-50

锦缎HC-2

绿HC-115

蓝HC-149

灰紫色2116-60

奶油色HC-29

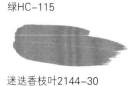
迷迭香枝叶2144-30

蓝HC-148

朦胧紫2116-40

（图 1 ）：简单的愉悦

阳光明媚的淡黄色墙壁、乳白色的镶边修饰以及温馨的松木家具，这是一种永远不会令人厌倦的经典颜色组合。现如今，尤论是在客厅还是在餐厅，柔和色越来越流行。究其原因，是因为柔和色在为空间增添生机与色彩的同时，还是一种十分安静的颜色，可以充当家具及装饰品的背景。这种色调的简单和洁净可以与家具的约束感形成互补。

（图 2 ）：整洁优雅

天蓝色与白色的搭配让这间洗衣房显得更加整洁与清新。这种颜色让人觉得既清爽又宁静，并且能够与其他颜色互补（如深绿色、嫩绿色、灰蓝色、米黄色）的家具相得益彰，如洋溢着温馨感的柳条制品以及冷金属等。

（图 3 ）：洋溢清新的气息

像芹菜绿这种浅绿色可以为房间营造一种生机盎然的随和之感。色彩理论家认为，绿色是可以抚慰人心的颜色，但是与白色橱柜以及镶边修饰相搭配，绿色可以产生一种温馨的力量感。在右图这间整洁清新的起居室内，墙壁的绿色在天然木质材料、柳条制品、剑麻制品、全棉面料的温馨材质的衬托下更显得暖意盈盈，再加上抱枕和小件家居饰品的几抹浓烈色彩的点缀，清新惬意且色彩丰富的效果油然而生。

图案的特殊价值是众所周知的：房间内各式各样的图案可以让整个房间展现出其独有的个性和深度，帮助确定房间的整体风格。图案的类型和表达的意义是多种多样、丰富多彩的，点状、花卉图案、图画、多色涡纹图案以及各种尺寸的条纹，当与各种艺术性元素结合在一起时，其视觉效果将倍增。各式各样的图案能够以较小的数量创造极为显著的效果，

图案**和质地**

图案和质地是家居设计中"怀才不遇"的贡献者，在不"喧宾夺主"的前提下为房间增添生机与个性。

所以说图案是一种十分实用的样式。

一旦你选用了某种图案样式，你就大可不必为选择基本的纯色纤维装饰品和窗帘等物品而烦心，也不用烦恼着该选择哪种类型的抱枕和地毯。作为图案的近邻，一间房间内家居装饰品的材料质地可以锦上添花，例如，在房间内选用漂白帆布、毛皮、丝绸或丝绒等材质可以增加房间的奢华之感；或者可以用手工竹篮、手工地毯或石碗与较为正式的家具形成鲜明的对比，使房间更显舒适与放松。将一种材质引入一间房间就如同邀请一位健谈的朋友参加晚宴。同样，将多种不同的材质同时融合到一间房间就仿佛将一群幽默风趣的朋友聚在一起，营造一种妙趣横生的美妙意境。

增添图案和质地元素

在房间内增添图案和质地元素的乐趣之一就是在保持整体和谐之感的同时，满足你对家居装饰多样性和创新性的要求。

　　将图案和质地成功搭配的秘诀就是：在你准备将其进行混合搭配之前，一定要掌握其中的一些基本原则。右侧的图片向我们阐述了一个简单却极为安全的方法，增加你对图案选用方面的信心。将纤维材料划分类别：纯色、单一图案、条纹、几何图案、有机图案（详见右图所示的黄色、蓝色和红色图案）。选择家具时，选择那些含有相同颜色的图案，并从每个类别中各选一个。如果想营造一种充满活力的清新效果，你可以选择右图所示颜色以外的其他色调，但还是选用尺寸较为接近的图案为好。纯色面料是很好的选择，易于同其他图案和质地进行搭配：如织锦、花锻、人字形图案。还有很多其他材质同样易于搭配，如褶饰和刺绣等。

　　整间房间应坚持共同的原则。例如，你可以将纯色家具、几何图案的地毯和条纹图案的装饰织物搭配在一起。你可以在一个较小的空间内增设靠背椅或图案简单的抱枕。

　　一旦将家具放置妥当后，你就可以开始着手考虑如何通过材质和材料的变化为房间增添视觉趣味。你可以从"作对比"这一角度出发：如闪亮的丝绸同粗糙的丝绒相搭配；块状的绳绒线同平滑的皮革相搭配；玻璃瓷同粗糙的木材制品相结合等。想要尝试不同的图案和质地，你大可增加或减少某种图案或材质的使用，直到达到自己的理想效果为止。

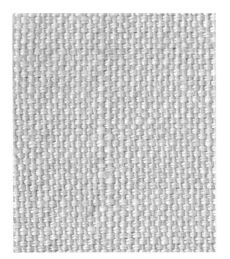

纯色

　　这种纯色的样式可以用于家具或床单，既可以用于经典亚麻制品，也可以用于软质皮革。如果要使房间更显深邃，可以选用触感较好的纯色纤维制品。

单一图案

　　像上图这种单一小图案真的是"多才多艺、神通广大"。夹棉面料和刺绣、尤其是这种小图案的重复设计，可以以材质为媒介展现出图案样式的美感效果。

条纹

条纹可能是用途最为广泛的图案了，其……色用素型上面夺目，也有娴熟各种中也有粗犷的大型条纹图案。可以说，条纹是许多图案样式的"友好伙伴"。

几何图案

几何图案是另一种极为容易搭配的样式……由于简单的格了图案等在内的，或简单或复杂的几何图案，常见于各种尚刻地毯、室内装潢品以及各种地毯材料。

有机图案

树木的枝蔓、花卉等图案都是从大自然中汲取的灵感，可以为居间整体增添生机与活力。增加了有机图案等元素后，整体视觉效果中便随之增加了几分华美与浪漫。

（图❶）：层次感与舒适感

这种图案与质地的多种搭配可以营造出迷人的异国情调。将光滑精致与粗糙或复古结合在一起，如地毯的几何图案与格子图案、窗子的朦胧薄纱与天然、粗糙的石子铸土墙壁相对比，二者相得益彰。

大地色和珠宝色系可以将不同风格的家具和谐地统一起来。

（图❷）：静谧的图案

不同图案的精致搭配，可以为整体房间带来精致优雅之感。不同色调的抱枕可以通过相似的色调进行统一，营造一种和谐的整体感。而地毯则选用的是较为大气的图案样式。抱枕的编织样式为房间整体增加了质地上的层次感。材质上的对比同样可以为房间增添别样色彩，如丝绸和皮革的华丽同垫衬物的温馨舒适等。

（图❸）：简单舒适

材质的层次感可以让一间简单随意的房间焕然一新。奶油色、蓝色和棕色让整个房间更加精致优雅，使图案样式与材质的搭配更加朴素淡雅。沙发的编织面料与被子的奢华和抱枕的柔和舒适形成鲜明的对比。枕头可以是纯色的，也可以是条纹状等各种图案，但是其颜色的选用还应与房间整体色调相匹配。

③

照　明

"阳光改变了
整个房间的感觉。
我想要
所有的光照
完美地结合在一起，
温暖却又营造出
不同的气氛。"

在每天的生活中我们每个人都很喜欢自然光照。每个秋天我们都会把闹钟调慢一个小时，醒来的时候朝阳正相迎。窗户、天窗、法式落地窗和带有侧灯的门是家中主要的日光入口，所以最好从它们开始着手进行照明设计。当选择窗帘时，不仅要考虑它们的装

自然光照

阳光给整个房间注入了生命和活力。把阳光作为具有魔力的工具来进行色彩转换吧，温暖气氛并照亮心灵！

饰效果，还可以把它们作为控制照明质量和数量的好方法。透过软百叶窗，斑斑点点的阳光映照在室内家具上，令人倍感温馨；阳光缕缕，从百叶窗的缝隙中透过，丝毫不会阻挡你向外眺望的视线。如果某天早上，你不想阳光打扰你的美梦，遮光的窗帘和窗户会把阳光挡在外面。除了控制光照，窗帘可以使房间里那些坚硬的表面变得柔和，例如餐厅。当你需要一间安静的房间时，安装百叶窗是不错的选择，同时它也会为建筑风格增光添彩。

窗帘

对于一间房间，精心挑选的窗帘的效果就像多彩的围巾对于衣服的效果。用简单的窗帘便可增加质感和色彩感。

现在，标准样式的窗帘一般都是木质或铁质横杆悬挂着。它们不仅比带有短幔和窗饰的窗帘简单，而且价格更便宜，市场上现有的标准样式的窗帘也是数不胜数。用它们来增加房间的质感和色彩感吧。

窗帘可以有内衬也可以没有内衬，可以和透明织物配在一起，也可以单独一层。有内衬的窗帘褶裥宽松自然，阳光可以透过其中。不透明的窗帘和薄纱或蝉翼纱的组合，既可有效控制房间光照又能够最大限度地保证隐私和灵活度。半透明的织物，如亚麻布、蝉翼纱和薄纱既可让阳光照进房间内又不会阻挡视线。更深一点的织物，如天鹅绒，看起来更正式一些，但是在夏天能够很好地遮住阳光，冬天也能保证空气流通。

与带有鲜艳印花的窗帘相比，纯色的窗帘或者朴素的条纹状窗帘可以为房间营造出一种更为深邃的背景。选用一种颜色与墙壁颜色非常像的窗帘装饰房子会是一件非常精细的工作。锦缎或生丝可以增加简单背景的韵味和格调。无论你选择什么样的面料，都要把窗帘高高地悬于墙上，这样才可以增加房间的空间感和美感。

一种比较好的经验法则是把挂杆安装在窗框之上的10cm处。你可以把挂杆安装在天花板角线（天花板）以下的位置来增加视野高度。另一个好办法是把挂杆安装在天花板和窗户顶部之间。

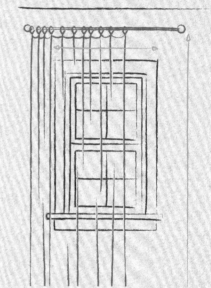

■ **挂杆的长度：** 如果你想把窗帘完全拉开，挂杆的两端应各超出窗框7.5cm～15cm。在测量窗帘之前，要决定挂杆的类型、挂杆的安装高度和安装方法（见后页），因为这些都会影响到最后的测量。

■ **窗帘的长度：** 测量挂杆到地面的距离（B）。及地式窗帘应距离地面2.5cm。想要取得水坑效应，挂杆距离地面的距离应增加15cm～20cm。对于半接地式窗帘，要增加7.5cm～10cm。要考虑到挂杆、窗帘环、固定夹等因素，因为这些东西至少会增加2.5cm的长度。

■ **当就餐区的地板上不铺设地毯时，** 一块大地毯会使谈话区域的轮廓更加分明。

■ **窗帘的宽度：** 测量窗户的长度，包括窗框在内（A），如果你想要一个干净利落的窗帘，把这个数字乘以1，如果你想要标准风格的窗帘，乘以1.5，如果想要窗帘非常饱满，乘以3。布料越轻，但你却还想要窗帘非常饱满，需要的布料就越多。

■ **左图** 用一条丝带将薄纱其固定在窗帘中间，对于质地轻盈的窗帘来说，这可以增添不少亮色。

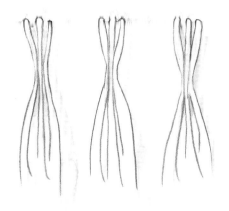

横拉杆式

带有铁丝的挂杆非常易于挂窗帘，因为边上的细绳可以控制窗帘。这种样式非常实用，挂杆和铁丝都隐藏在窗帘顶端（在此图中为褶皱花边）。

推杆式

挂杆可以插入嵌板顶部的堵头内。这种样式适合大窗帘，因为它难以悬挂布帘，透明织物是最合适的选择。

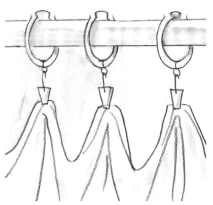

顶环挂杆式

这种样式非常受欢迎，因为它看上去俏皮活泼，窗帘可以收放自如。任何材质的布料都适合这种比较正式的样式。

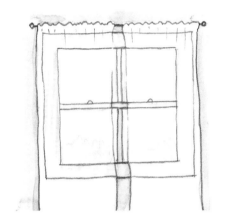

透明窗帘

像蝉翼纱、薄纱和薄型亚麻布这样的透明窗帘给人带来轻快的感觉。它们既能够挡住耀眼的光又能保障视野，但是晚上却不能很好地保护隐私。

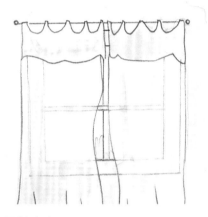

无衬窗帘

质地比较轻的窗帘，如亚麻布或棉布不需要内衬。无衬棉布和麻布既可以很好地保护隐私又能够有效遮光，它的风格也非常俏皮。

带衬窗帘

厚重一些的织物，如生丝和天鹅绒，通常带有内衬以挡住光和噪音。让窗帘中间部分约有 7.5cm 的重叠处，这样窗帘拉上时就可以完全地遮住阳光了。

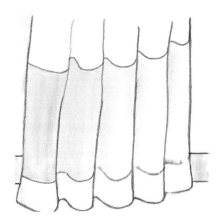

花边上升式

可以根据你的需要在窗帘两侧缝制上特色花边。花边可以是一种与窗帘颜色不同的纯色织物或印花布，长度不要超过窗帘的三分之一。

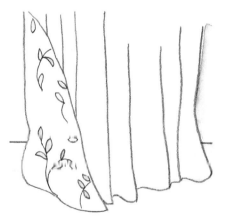

对比衬

有图案的内衬或对比衬可以使纯色窗帘变得华丽。不必让整个窗帘都有内衬，沿着开口处缝上45cm宽的条纹织物即可。

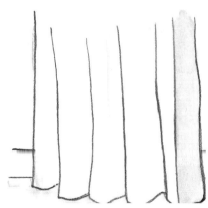

对比边饰

具有与窗帘颜色不同的绲边或布可以缝在嵌板的边缘，风格考究，色彩清新。

百叶窗

百叶窗一般可以设计得比窗帘随意些，这一组奢华的窗户套装可以与窗帘搭配使用，既能保护你的隐私，又最大限度地控制光照。

有时候即便是那种最随意的窗帘都不一定适合特定的房间或窗户。这也许是因为建筑因素的影响，例如，嵌入式窗座或暖气片，也可能是因为实际考虑或个人风格喜好。例如，儿童房最好用内置窗户用品装修，尤其是挡光窗，适合早睡觉的孩子。（选用无绳支架，这样对于孩子更安全一些。）就风格来说，房间越随意，可选择的百叶窗样式越丰富。

在百叶窗的品类里，你的选择应该与房间其他元素最搭配的风格和材质引导，也应由你对光线和隐私的要求引导（方框里和下一页的信息可以帮助你选择）。窗帘最好可以使房间更温馨或与房间的布置相协调；活动百叶窗可以增加简单空间的建筑韵味。自然材料编织的窗饰如草、芦苇、火柴棍和竹子，布局非常雅致，也非常合适，并且能让房间焕然一新。它们特别的材质和由其创造的光色图案为整个结构增光添彩。嵌板百叶窗的窗帘和材质各种各样，是一种时尚的新样式，既可以保护隐私又可以有效遮光。

百叶窗的测量

订制百叶窗时需认真进行测量。用金属带卷尺测量，不要用皮尺测量，误差太大。每一扇窗户都要测量，因为大小可能略有不同。

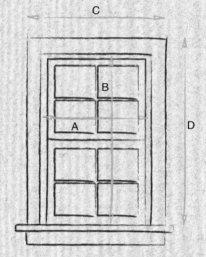

■ **内嵌式**：内嵌式窗户干净整洁，但是只适合比较深的窗框，可以完全装得下百叶窗。深度至少应为 5cm，这取决于百叶窗的厚度。大多数百叶窗会嵌入窗框内 6cm。窗户必须是正方形的，且不能有翘曲。测量窗户的面积，要测量窗户内部两条对角线的长度。如果两条对角线的长度差超过 13mm，那么说明窗户不是正方形的，那你就要把百叶窗安装在外面了。

■ 如果你的窗户合适内嵌式，测量几个不同地方的宽度（A）。同样方法测出高度（B），两侧和中心处的宽度都要测量。要选用最小的测量结果以保持整洁。

■ **外嵌式**：对于质量和样式差一点的窗框，或者深度不够不能进行内嵌式安装的窗框，最好把百叶窗安装到外面。如上图所示，测量宽度（C）和高度（D），在测量结果上都加大 8cm。打开处至少需要增加 4cm 的平直墙面。

■ **左图** 把轻巧的罗马帘安装于嵌入式沙发背后是一个不错的选择。在同一间房间内自由感受各式百叶窗和窗帘的混搭吧。

罗马百叶窗

这是一种利落的平卷轴式上拉窗帘。罗马帘既可以安装在窗内也可以安装在窗外。它们可以和各种窗帘搭配使用,从透明的亚麻布到厚重的帆布。

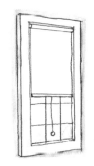

卷式百叶窗

可伸缩式半透明百叶窗的最简单样式,常见颜色的卷式百叶窗都可以买到,或者你也可以定做其他颜色的,以与墙壁色彩或其他装饰相配。

倒置式百叶窗

在城市中,这是一个非常流行的设计,这种帘的上半部分可以透光,下半部分又可以保护隐私。既可以选用底部内嵌式设计,也可以自己定做。

蜂房式百叶窗

蜂房式和褶式百叶窗是由坚固的支撑材料和布料制成,它比标准的百叶窗轻,阳光可以从半透明的材质中透过。

软百叶窗

这种传统的样式因其多面性流行至今。软百叶窗既可以保护隐私,又能够控制光照,投射出光影交织的漂亮图案。

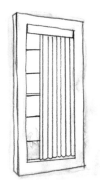

垂直式百叶窗

与嵌板式百叶窗相似,一侧是8cm宽的垂直叶片,另一侧是固定板。对于大窗户和推拉门这是个不错的选择,你可以买到各种长度的垂直式百叶窗。

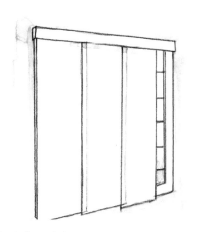

轨排式百叶窗

这些宽20cm~45cm的嵌板非常适于窗户和推拉门,当拉开的时候一边滑向固定板。

活动百叶窗

活动百叶窗可以按照对光的不同需要自由调节,起到遮光的作用。它由木板或合成材料制成,可随意粉刷进行修饰。

镶板式百叶窗

在城市中噪音是个大问题,如果气候寒冷,镶板式百叶窗也是个很好的选择,它的密封性非常好,儿童房里,它可以挡住噪音和光照。

（图①）不对称的优雅

当选用出人意料的不对称结构时，即便像天鹅绒和绣花薄纱这样正式的窗饰看上去也会非常俏皮。在这张图片中，两面天鹅绒窗帘都被拉到一边去并用胡椒果的花枝儿扎起来。一面绣花薄纱平整地悬于后面的挂杆上，日光透进来。

（图②）简单却引人注目

如果你有一间宽敞明亮的房间并且想保持它的宽敞感，罗马帘不失为一个好选择。它整洁并能够有效控制光照，窗户的线条和墙面简单朴素。罗马帘取材广泛，你可以购买市场上现有的，也可以自己定做，以与其他装饰和墙面颜色相配。在这幅图中，大胆的条纹特别明显，与白色房间形成鲜明的对比。

台灯

台灯对任何房间的光线调节作用都是至关重要的，因为它具有很强的灵活性，可以为嵌入式装置照明。

最舒适房间的灯光应均匀柔和，照明来源也多种多样。在理想的情况下，光源所在的位置各不相同。环境照明应来自天花板；桌灯和落地灯照到房间的中央区域，把整个房间的灯光分散开来；局部照明一般放在墙壁上、支架上、具有建筑特色的物件上或照在油画或雕塑上。台灯的光影对于一个完美的灯光设计也具有影响。透明的或半透明的光影不仅仅是一种风格选择，更适合阅读。

因为它的光可以透射到一页纸上。谈话会客区域附近的台灯透射的光也许更弥漫，因此要根据其特点合理搭配。半透明的牛皮纸灯罩使光线变成金黄色，非常柔和；衬有织物的丝绸灯罩非常柔和悦目，使整个房间充满亲昵的感觉。

在相同的空间内，台灯不需要特意搭配，但应与房间的风格相协调。同一色调的灯罩可以使所有的台灯连成一个整体。如果你想摆放一盏装饰特别的台灯并使之引人注目，那么房间内其他台灯就更加简单，例如灯光非常柔和的灯，人们几乎看不到它。有时候房间中央带有灯罩的台灯会是一种视觉障碍，而低角度的台灯可以扩大空间。

不同房间的解决方案

最完美的光照设计包括不同的光源，例如中心光源或天花板上的嵌灯，房间的桌灯和墙壁上的定向灯。普遍说来，光源越多反差就越不明显，因为很容易就可以使光照均匀分布。

■ **起居室**：天花板中心灯现在很少见了，利用内嵌式照明可以达到整个环境的照明要求。一些灯座应该安装定向灯泡，照到架子上、墙壁上、书架上或艺术品上面。如果嵌入式灯光不太合适的话，那就选用轨道灯吧。在桌子上和高处多安装几盏台灯。房间内的工作照明灯对环境照明也有一定的作用。

■ **餐厅**：由调光器控制的枝形吊灯应该是餐厅灯光设计的主要部分，但绝不应该是唯一的光源。用蜡烛、壁灯或桌灯平衡整个房间的光照吧。低压卤素嵌灯的灯光照射到艺术品上时会产生一种奇异的视觉效果。

■ **厨房**：厨房既需要充足的环境照明也需要足够的特定照明。工作台面的灯光应充足且不晃眼；距离头顶上方30cm柜子上的内嵌筒灯可以为落地低柜提供充足的照明。如果可能的话，安装几盏卤素灯或荧光灯增强照明。其实内嵌筒灯的照明已经很充足了，除非天花板的高度超过3m；拱形天花板或较高的天花板适合安装吊灯。在一个开放式设计的厨房内应该为所有的灯安装调光器，这样在吃饭的时候你也可以控制厨房的光照。

■ **卧室**：卧室的环境光照应很柔和，同时工作光照也不可缺少，尤其是阅读照明。安排巧妙的局部光照可以使环境温馨浪漫。不要忘记衣柜处的照明设计。

■ **浴室**：化妆室和浴室的光照应非常温馨。环境照明应柔和悦目，浴缸和喷头处的照明应美观、引人注目。

■ （图1）透明灯罩使一盏装饰性的工作台灯变为照明台灯，灯光投射到桌面，照亮了桌面上的小物件。

我们对一间房间的评价如安静、浪漫、温馨、寒冷，很大程度上取决于它的光照方式。理解光照的三种主要类型。环境型、工作型和局部型，这样你就可以最有效地进行搭配了。环境型灯光一般指白天的自然光照；夜晚则由一个中央顶部吊灯、台灯或一组

在光亮的环境中
工作

灯光延长了白天，提高了我们的视力，影响着我们的心情。单一的光源并不能起很大作用，所以设计一种平衡多彩的混合光吧。

嵌入灯提供照明，能够均匀地照遍整个房间。不言而喻，工作型灯光指的是直接为特殊活动提供的照明。局部型灯光如聚光灯、蜡烛都可以为房间的照片增彩添色。所有的灯饰都可以增加房间的韵味。

带有不透明灯罩的阅读灯强光投射到桌面，可唤起人们对特定物品的注意，是一种环境型和工作型光照。嵌入灯可以和洗墙灯泡或聚光灯搭配使用，可以唤起人们对结构特点、工艺品或书架的注意。小小的枝状吊灯可以为整个房间照明，它也可以是一个引人注目的焦点。你要把功能和风格结合起来以便达到最好的效果。

从白天到黑夜

光不是连续的，它进入到下一个转换空间后就会发生改变，我们的心情也会随之改变。精心安排灯光以迎接夜晚的到来。

轻轻转动灯的开关，白天里照明宽敞的空间在夜晚会变得温馨隐秘。夕阳西下，天空变暗，房间的灯光也越来越微弱，本性驱使人类去寻找光明。在寒冷的季节我们围聚在明亮的火炉旁取暖。夏季烛光点点又把我们聚在一起。一群伙伴围坐在火炉旁，鸡尾酒桌上放着蜡烛，壁炉架上，各式烛台上插着大蜡烛，整个场面更加温馨。烛光和火光被称为"跃动之光"，因其跃动而与众不同。用比较微弱的环绕灯光增强气氛吧，以创造一个更加愉悦的光照环境。

白天日光透过落地窗照进这个宽敞的房间。
晚上，架子上的落地灯和嵌入灯提供照明；烛光摇曳，气氛祥和。

设计方案：灯光的颜色

不同的灯泡会发出颜色略有不同的灯光，了解这一点对于设计令人喜欢的灯光装置是至关重要的。发出暖色调灯光的台灯使肤色变得更好看，也使客人和你神采奕奕。更明亮一点的灯光适合用来工作，如读书或艺术品照明。全光谱灯光最像自然光照而且多种多样。粉刷的墙壁尤其易受灯光颜色的影响，所以对取样墙壁在人工光照下的视觉效果进行评估是非常重要的，特别是卧室和餐厅，这些房间一般都是晚上才用。

■ 将白炽灯的灯光色调温暖，使肤色更加好看。用调光器或三路灯泡即可简单控制，它可以为整个环境、工作和局部区域提供照明。

■ 卤素灯的灯光最为明亮，对家具和艺术品的颜色影响很大。它们可以提供最棒的工作照明。

■ 荧光灯过去的名字并不好听，现在它经常作为日光的色彩校正。作为最节能的灯泡，荧光灯既有标准管样式的也有普通灯泡样式的，可以安装在旋入式插座中。

工作照明

可调臂式台灯一直为人喜欢，因为你可以让灯光照到任何你需要的地方。最理想的角度是使灯罩的底部与你的视平线处于同一高度或在视平线之下。更多选择见下图。

床头灯

枕头与灯罩底部之间最合适的距离为51cm。一个比较透明的灯罩可以使光集中在一页上。更多选择见下图。

落地灯

落地灯的灯光应该可以直接照到肩膀上。椅子旁边的落地灯灯罩底部距离地面的距离应为102cm ~ 107cm或者与视平线持平。更多选择见下图。

老式风格的台灯

小桌子上带有金属灯罩的弯臂式台灯非常具有现代气息，但是照明范围却有限，因此房间内的环境照明应该更好些。

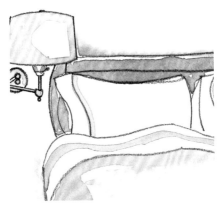

旋臂式墙面台灯

这种台灯现在非常流行，它非常灵活，既便于调整光照位置又不占用床头柜的空间。大多数旋臂式墙面台灯都是硬连线的，因此最好自己定制。

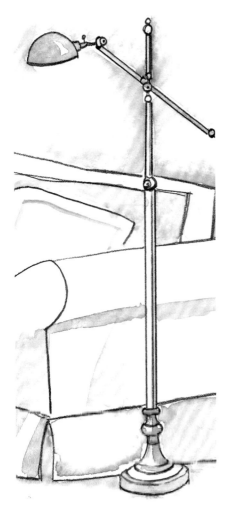

桌灯

桌灯灯罩的底部距离台面38cm左右高度时，阅读光线最为理想。透明灯罩可以减轻光对眼睛的刺激，即可以作为环境照明又可以作为工作照明。

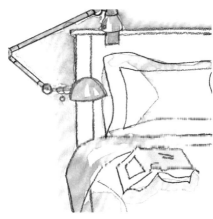

可调臂夹式台灯

可调臂夹式台灯整洁便捷，可以夹在床头板上也可以夹在桌子上。你可以横向调整或竖向调整台灯方向以控制照射区域。

旋臂式灯

有旋臂式台灯让每个家庭成员都可以调整台灯以选择合适的阅读光线。灯光可以对着墙壁，也可以对着天花板。

（图①）平衡混搭

　　不同亮度的灯光使房间变得更加深邃。此图中各种光源也非常平衡，既有悬挂式鼓状灯罩，也有摆放在桌子上的祈愿蜡烛，还有壁炉架上的大蜡烛。当夜幕降临客人齐聚一堂时，灯光的效果非常明显。不管光在何方它总是能够吸引注意力，所以要精心布置房间，保持房间的整洁，这样光才可以被捕捉到并被反映。

（图②）温暖宜人

　　点灯的灯光和烛光让这间别致的房间非常宜人。地灯的半透明灯罩投射出温暖的光照，而带有不透明灯罩的壁式台灯的光照投射到墙壁上和下面的壁炉架上。壁炉架上的白色花瓶中的蜡烛与壁式台灯交相辉映，咖啡桌上的细蜡烛照耀着房间的中央。

（图③）多用途的方面

　　这间组合式家庭办公室的光照设计非常好。可调光的卤素灯既可以上调提供环境照明也可以下调使光照在照片上、沙发上和桌子上。链接式桌灯可以自动调节，光线可以落在沙发上也可以落在工作桌上。这都说明工作照明也可以作为环境照明使用。

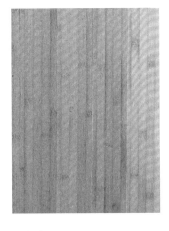

硬木地板

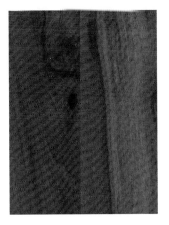

桃木层压地板

染色橡木复合地板

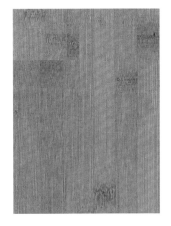

竹地板

材料指南

　　无论是重新装饰整个住宅或者翻新某一房间，材料选择无疑是关键的一步。选对材料既能够达到你想要的效果，又经济实用。

地板

　　硬木地板（上图）的种类丰富多样，例如传统红橡木，巴西樱木和浮木。不同地板的价格也大有不同。家用橡木和枫木地板价格低廉，而外来木价格比较昂贵。木质地板能够与任何色调搭配。当地板老旧时，可以冲洗磨光使之焕然一新。浅色的地板能够和任意装饰风格搭配。然而如松木和鸡翅木等深色地板则适合更加正式的内部装修。条形地板有多种宽度标准，最窄的是6cm。松木、桃木或其他木料地板的宽度可达51cm（这种地板价格更贵一些）。肋板能够在装修现场进行处理，可以在工厂处理后进行铺设。

　　层压地板（上图）看起来很像木质地板，但是它实际上是利用高科技将纤维板与照片一样厚的薄层密合起来，其表面覆有起保护作用的透明塑料层。层压地板应用于住宅、小区通道或者商业场所。强化地板的价格低于传统木质地板。生产这种地板的公司很多，层压地板可以在家具建材商店买到。不需专业人员，你可以自己铺设层压地板。新型层压地板中加入了木石，一般能够使用25年。与木质地板不同的是，层压地板不能重新抛光。

　　复合地板（上图）是将一些木质薄板粘合成一块整板。它能弥补实木地板的不足，例如在地下室，复合地板是直接铺在混凝土上的。地板表层可以选用不同的木料。因此，生产商可选用的木料也就更多。多数复合地板在铺设前已经抛光。而且许多品牌的地板表层很厚，能够像实木地板那样进行再次抛光。复合地板的另一个优点是厚木板的宽度可达18cm。最好的复合地板在价格上能够和传统实木地板比肩。品牌包括：阿姆斯特朗，艾柯木料，威弗里，马克思·温莎，和罗宾斯等。

　　竹地板（上图）因其明亮、自然的色调以及引人注目的质地迅速赢得了大众的青睐。因为竹子的生长周期仅仅四年，所以竹地板也很环保。收割竹子后将其压成像橡树一样耐用的薄片。抛光的或者未经抛光的竹制地板能够直接从厂商订购。因其不会像实木地板一样收缩或变大，它成为铺设带有散热系统房间的最佳选择。竹制地板能够铺设任何房间，但是在浴室或者其他潮湿的房间内要慎重。因为它和实木地板一样，水会对竹地板造成损害。

　　橡胶地面（上图）经常铺设在商务或者工业环境，但是它的耐久性和弹性也使之成为一个实用的选择，因此也可以铺设在厨房、家庭健身房和游戏室中。橡胶地板有板块样式和地砖样式。表面纹理丰富的地板比平滑地板更加防滑。而且橡胶地板因其独特的风格和舒适感更适合现代的厨房。但是选择相对有限。橡胶地板在价格上相当于质量上乘的乙烯基，而且与实木地板、合成地板和其他陶瓷瓷砖或者石材瓷砖相比更便宜。

　　软木地板重新引起人们的关注，一部分原因在于它是一种可再生资源制成的自然产品，还因为现代的抛光技术使其保养更简单。软木地板能够制成瓦片状或者厚板状。软木富有弹性、温暖、舒适。

　　软木地板在铺设后需要进行密闭处理，而且需要定期保养。软木地板的边缝不能渗水，因为软木遇水会膨胀，软木随湿度变化胀大或收缩。

因此，软木地板不是浴室、洗衣房和杂物间的最佳选择。用软木地板铺设厨房时，磨损较多的区域应该铺设地毯。软木的价格相当于中等价位的木材。

　　油地毡地面是一种老式的宠儿，它由可再生资源制成，包括木粉、亚麻籽油和石灰石粉。油毡耐用，富有弹性而且舒适。它样色和形状多样，既能成张，也能成块。虽然乙烯基大量地取代了油毡，但是油毡不需要过多地保养，而新型的油毡则不需要上蜡。油毡的花费要大于大部分乙烯基，而且应该由专业人士进铺设。

　　乙烯基地板是一种流行的弹性地板，从某种意义上来说，它需要较少的维护。乙烯基的嵌花图案从材料中穿过，因此不会磨损。更加昂贵的乙烯基地板有顶层表面，也叫做耐磨层。这个表层是由非常坚硬的材料制成的，例如可以承担大量人流交通的氧化铝。与此同时，造价也相差较大。但是经济型的乙烯基地板是最便宜的一种地板。

　　天然石材瓷砖可以由许多材料制成，包括石灰石、板岩、皂石、大理石和花岗岩。石头带来了自然的美感，耐磨而且不需要保养。因为其密度较大，石质地面能够搭配散热系统，而且在热天能保持凉爽。除了板岩以外的所有石材都应该每几年密封一次。因此，石材地板需要定期重新密封。石质瓷砖

铸土地面

台下水槽

柱式水槽

前裙板水槽

例如陶瓷瓷砖，不应铺设于弹力较大的底层，因此，在铺设石质瓷砖之前应将地面磨平。石质通常比瓷砖贵，价格高昂。

瓷砖颜色多样，纹理各异，大小不同，从最小的马赛克到大至45cm的正方形砖块。瓷砖受到大众喜爱，而且与自然石质地面相比更便宜。上釉瓷砖不需要密封处理，只需要日常的清扫和擦拭。有纹理和未上釉的瓷砖比光滑的瓷砖更防滑。对于像浴室这样的环境，应选防滑的瓷砖。此外，瓷砖还能够储热，是带有散热系统房间的绝佳地板选择。

手工黏土铺路材料，如墨西哥的萨尔略提瓷砖，富有自然韵味，由特有的土石风，然后经低温烧制而成。它们的厚度、平整度和颜色都各有不同。而且手工黏土孔多易渗水，因此铺设时需要进行防水处理，并且不宜铺设在潮湿的地方。铸土地面是将土、水、水泥铸入一个模具制造的一种高隔热材料。

混凝土，长期以来用于铺设仓库和地下室的地面，与其他房间的抛光地面一样大受欢迎。它和瓷砖一样耐磨，而且可以用染色剂进行着色，让人耳目一新。混凝土本身是一种孔多易渗水的材料，因此需要密封以防污染。但是混凝土可以用不同的装饰镶嵌物来点缀，例如金属、木头，甚至是贝壳。混凝土和散热地面可以

说是天作之合。但是，混凝土自身十分厚重，所以计划时要考虑到这一点。不同的混凝土地面价格相差不大。价格主要取决于表层的抛光方式。但是混凝土要比石材便宜。

砖块是一种十分耐用，永不退色的地面材料。专为室内铺设设计的薄黏土砖和瓷砖一样，色彩丰富多样。砖块的表面纹理能够防滑，装饰花样多种多样。砖块的大小各异，因此推荐使用大范围的薄浆接缝。密合的砖块使地面易于保养。砖块的价格和很多瓷砖的价格相差无几。

木质地板抛光

油改性聚氨酯是一种结实耐磨的地板抛光方式。它赋予木质地面一种特有的琥珀色，在轻木地板之上显得十分夺目。油基的抛光剂通常比水抛光剂需要更长的晾干时间，而且通常比水基的抛光剂便宜，而且其中的挥发性有机物在固化时会散发出一种气味。但是值得高兴的是它需要的抛光涂层却非常少。

水基尿烷如清水般透明，因此它不会像油基抛光剂一样赋予木质地板琥珀的颜色。它的晾干速度要比油基尿烷快，而且不会散发味道。基于这些原因，水基抛光剂获得了更广泛的应用，尽管它的使用比较复杂。美中不足的是水基尿烷

的价格通常比较昂贵，而且保护处理的花费更高。

预先抛光地面在工厂时已经抛光，你不需要在铺设后进行磨光，密封或者进行保护抛光。工厂的抛光适用于许多品牌的木质和实木复合地板。剂型可能包括坚固的陶瓷分子来实现长效耐久和长效质保。

厨房和浴室水槽

水槽的种类

厨房和浴室的水槽再也不是设计中后来添加的东西了。新的形状、材料和颜色让原本简单的水槽也可以拥有自己的独特风格。选择水槽时有三个关键因素：它是由什么材料制成的，它有多大，它是如何安装的。在厨房中，标准水槽是84cm×56cm的双槽设计，水槽嵌入90cm宽的水槽柜中。但是还有很多其他规格的，包括超深的28cm的水槽，使大罐子和平锅的清洗更加方便。

台下水槽（上图）保证了一个易于清洗的台面，因为没有用来收集碎屑的水槽沿。台下水槽最适合由坚固材料制成的工作台面，如石头或混凝土，但是不要把它用在层压塑料台面上，因为水槽开孔会使台面底层暴露在外面。

自镶边缘水槽位于台面之上，所以它可以用于任何材质的台面。因为水槽边缘会留住水和食物残渣，自镶边缘水槽不

像台下水槽那样易于保持清洁。

冲水装入水槽很像自镶边缘水槽，除了它的冲水坐在环绕的瓷砖工作台上之外。它还具有和台下水槽一样的优点，因为它也没有会留住水和碎屑的边缘。像自镶边缘水槽，它也应该密闭于台面上以防侧漏。

集成水槽是工作台面的一部分。它由坚固的表面材料制成（如杜邦的可丽耐），然后粘到工作台面，或者由不锈钢制成然后粘连到不锈钢的工作台面，像你在商用厨房中看到的那样。

柱式水槽（上图），是浴室中的经典，占用的空间比传统水槽小得多，在小浴室中这是一个优点。它提供的存放空间不大，但是水槽上方安装的架子可以存放物品。大多数情况下，柱式水槽都是由高温加热的黏土釉铸成的玻璃瓷制成的，形成无空隙的台面。

前裙板水槽（上图）有时候被叫做农民的水槽，这种水槽由很多材料制成，包括石子、火泥、瓷铸铁。它们的共同点是在特殊的水槽柜中其宽阔的正面暴露在外。它的外表看起来颇具复古风味，和农民家庭中常见的浅石板水槽并不同。前裙板与比较随意的乡村风格的厨房非常相衬。

水槽材料

不锈钢是厨房水槽使用的

不锈钢台面

花岗岩台面

石灰岩台面

木砧板台面

最常见材料。它有很多优点：不吸收食物碎屑和细菌、不会生锈、加热时不会变形、比较易于清洗。一般的不锈钢水槽由 20- 或 22- 规格的金属制成；更好一点的由 18- 甚至 16- 规格的钢制成。擦光和抛光的成品都有，价格也各不相同。

　　火泥或玻璃瓷水槽由一种耐用的、耐高温的陶瓷材料制成。它不会变形，所以小小的摩擦不会让下一层会生锈的材料暴露出来。它光滑的表面看上去像瓷器的表面，但是火泥水槽在煅烧之前其表面可以修饰或粉刷，创造出独特的装饰特点。与其他的水槽相比一般的火泥水槽在价格上有很优势，但是精致装饰的火泥水槽价格非常昂贵。

　　瓷铸铁是一种经过时间检验的混合材料，我们中很多人可能在自己奶奶的厨房中见过。使用得当，瓷器表面可以用很长时间，但是摩擦性的清洁物会磨坏表面。因为铸铁核曾被加热过，所以其保温效果很好，当水流过时或其配有水清洁器时这种水槽不会发出噪音。一般的双槽水槽价格比较低廉。搪瓷缸水槽比较轻，价格更低，但是它比瓷器水槽更容易磨损。

　　铜和青铜水槽算是最昂贵的。不过这种抗腐蚀的材料非常耐用而且风格质朴。铜相对来说更便宜，但需要定期清洁以保持美观。青铜表面的光泽更深。

　　浴室中的**碗式水槽**可能会让你想起传统的置于抽屉柜上的洗脸盆。大多碗式水槽都安置在浴室台面的顶部，但是也可以安置在墙壁上。可选用的材料也多种多样，包括钢化玻璃、陶瓷、铜、青铜和石头。碗式水槽可以成为浴室中的设计焦点。因为水槽壁高于台面，要考虑到梳妆镜的高度。高一点的水槽对于那些讨厌伏在传统水槽的人来说更方便，但是对于孩子不方便。碗式水槽可以安置在墙壁上，也可以安置在超高旋塞上。

厨房台面

　　层压塑料颜色和样式多种多样，是一种经济实惠的选择。它不像其他材料那样耐高温，很容易被锋利的刀子划损，但是它是一种耐磨的材料，也不需要特别地保养，而且易于清洗。层压制品可以以片状板形式购买然后安装到颗粒板基层上，或者购买成型的台面，台面带有后挡板和压制前沿，方便安装。层压制品的缺点是顶端紧挨外边缘，但是有几种方式可以避免。一种是使用纯色制品，例如福米加的彩芯，另一种是让安装人员增加木板或斜面的层压制品边缘，可以完全消除缝隙。

　　小锈钢和其他金属可以变成可耐用的耐热台面。不锈钢（上图）不会渗水也易于清

洁（这是它被用在商用厨房的原因之一），这样的台面可以和材料相同的集成水槽连成一体。不锈钢会被划损，但是这些小瑕疵可以形成一种非常特别的光泽。不锈钢是一种价格中等的材料。

　　瓷砖台面，就像瓷砖地板一样，耐清洗，颜色、样式和纹理也多种多样，它提供了设计的最大可能性。瓷砖耐热，安装也非常容易。然而，瓷砖板面比较硬，不易修复，水泥线有时候会使瓷砖显得没有那么规则。玻璃制品掉在瓷砖上很容易摔坏。瓷砖比较耐用，而且如果其中一块瓷砖坏了可以轻易替换掉，而不用拆掉整个台面。价格根据瓷砖的种类而变化。

　　天然石台面安装时可以是一块厚板，也可以当做单独的瓷砖使用。石头的颜色美丽多样，深色斑点的花岗岩（上图）、灰色皂石和苍白斑驳的石灰岩（上图）。总的来说，石头比较耐用而且耐高温，但是像瓷砖一样玻璃制品掉在石头上也很容易掉坏。大多数石头都应该带有保护层，以防污染（皂石例外）。石灰岩和浅色大理石原有的光泽会消失，即使是附有保护层，时间久了也会被玷污。如果可能的话，观察一下放了几年的石制工作台，把它与放在陈列室的石制工作台相比较。石头是一种比较昂贵的材料。

　　在很多家庭中，木头已经被很多只需较少维护的新材料取代。然而它仍然是一种自然温暖的材料，上面的保护层能够防水。言枫木制成的砧板（上图）是一种常见的选择，木质台面一般比较时尚。木头的种类不同，价格也多种多样，但是总的来说它是一种经济实惠的选择。

　　表面坚固的台面非常实用、易于清扫、易于修理。而且很容易就能够买到，颜色和样式也多种多样。这种台面也可以和材质相同的完整水槽组合在一起。相对于石头或瓷砖来说，这种台面更软一些，也没有那么易脏。众所周知的可丽耐（由杜邦公司制造）坚固台面其他很多公司也在生产，这种台面价格适中。

　　混凝土现在是一种很受欢迎的台面材料。因为其形状、厚度多种多样，任何镶嵌物都可以把它变得富有生气，混凝土的设计可能性无与伦比。它可以在其他地方或制造商的店里浇铸，然后像石板台一样安装在厨房内。像瓷砖和石头，混凝土比较坚硬，如果没有保护层也很容易变脏。混凝土趋于成为一种相对较贵的材质。

　　石制复合材料，例如赛丽石和左迪阿克，是由多种真正的石头和颜色不同的合成树脂混合而成的。它比自然界更均衡、更富于变化，也略微贵点。石英复合材料非常坚硬，却不

面架柜

无架柜

叠层柜

樱木柜

像石头那样易脏。石制复合材料台面的维护非常简单。

厨房和浴室橱柜

橱柜的种类

你可以买到各种风格和各种价格的厨房和浴室橱柜。不管你是在寻找传统古典风格的成品还是易于清洁的层压制件或是自然木，你应该知道你到底想要什么。最经济的橱柜系列，橱柜行业称之为"存货"。在成品、材料和五金方面的选择最为有限。半定制橱柜的成品更多样化，材质和结构也更高级一些（例如选择燕尾坚固木抽屉而不是硬板抽屉）。存货和半定制系列在制作时应该增加7.5cm，这样垫条不会正好落在网格内。最优良的是定制橱柜，大小和颜色多种多样。因为定制橱柜是定做的，所以要耐心等待，价格变化也会很大。

面架柜（上图）在外观上很传统。得益于柜盒表面的木头结构，抽屉门和柜门能够打开。根据你想要的外观的不同，面架柜可以定做嵌入式或叠加式门和抽屉，还可以定做外露式或隐藏式门用五金。可以定做由各种自然木制成的橱柜，如樱木、橡木和枫木，染色也可以多种多样，也可以粉刷或上釉。

无架柜（上图）是兴起于战后欧洲的一种设计，与面架柜相比外观更现代一些。门挡

和抽屉挡能够完全盖住柜盒，所以你看到的仅仅是门和抽屉之间的狭小缝隙。无架柜内部的空间更大些，因为没有悬挂的面架，它改变了厨房的外观，简洁如新，看上去就像刚刚买了新的门挡和抽屉挡一样。

橱柜的材料

密胺树脂是最经济的橱柜结构材料。它由颗粒板和其上的一层塑料树脂构成。应用于厨房台面的高压板材料（上图）也适用于橱柜。这两者之中，层压板更耐用，但是各种颜色的两种材料都可以买到，两者都易于保持清洁，因为它们都不会吸收废物。其中的一个缺点是，对于密胺树脂来说，表面划损很难修复。层压板门接缝和边缘处的黑线可以用聚氯乙烯胶带或颜色相同的层压板遮盖住。

模压门和抽屉看起来像经过粉刷的木头，但实际上它是由中密度纤维板和其周围的塑料制成的。因为纤维板太过清爽，你可以选用传统凸起柜门或抽屉，它们的构成材料更简单一些，价格也比较低廉。模压门的接缝没有高压板那么多，这就意味着接缝分割的地方很少，但是模压门不耐热。

木柜有着任何人工材料都不能复制的自然质感。硬木和薄板，如橡木、枫木、樱木（上图）和桤木可以从很多制造商那里

购买到，做成的橱柜也美观耐用。如果你喜欢传统一点的风格，还有很多其他的种类可供选择。例如花旗松、径切白橡木、旧黄松和桃花心木。要记住，越是外来木价格越昂贵。

自然木橱柜囊括全部范围，从透明的清漆到着色的天然漆，还有复杂的釉和染色的结合体。白木可以染出任何形状，你也可以依赖木头的自然外表，仅仅用几种基本的纹理和颜色——比较一下浅色枫木和深红樱木。除了提供透明产品外，近几年制造商还扩大了他们的釉制品。这些更复杂的表面包括一个第二颜色层，这个层先涂上颜色，然后几乎全部再被抹掉。这种处理在边角处和模制剖面处留下部分颜色残余。如果你喜欢年代感，选择那些经过工厂特意的暗光或暴晒处理的制品。这些制品模仿了经过多年使用的制品的效果，非常像乡村厨房的制品。

重新装饰橱柜

如果橱柜结构结实的话，用刷子或喷漆枪粉刷是一种非常简单实惠的方法，可以把新的活力注入老厨房。这种最后的修饰没有工厂里的那种新橱柜那么耐用，所以要接受可能出现的漆屑和裂纹（让粉刷的工作人员留下一些涂料），完成修饰时也把小五金更换掉。

重新用木板制作橱柜面

和增加新的抽屉面和门面是另一种"复活"厨房的好办法。这比拆掉并置换旧橱柜更经济一些，而且整个过程也就仅仅需要几天的时间。市场上出售各种各样的木制品。专业制造商在自己的店中加工制造抽屉面和门面，胶合部件如橱柜盒是在厨房内制造的。加上新的五金部件一次完整的转换就完成了。

浴缸

铸铁搪瓷材质的浴缸非常耐用。爪脚浴缸（上图）的外观古旧而优质。市场上有很多新的爪脚浴缸，旧的爪脚浴缸在回收站还可以找到，这足以证明其年代之久远。这种浴缸寿命长的原因得益于其制作过程：搪瓷混合物喷射到模塑铸铁核表面，然后高温加热融合两种材料，制作出耐脏、易于清洁的表面。不要使用摩擦性的清洁物，它会破损表面。铸铁浴缸保温效果很好，可以在浴缸中放满热水进行长时间泡浴。

搪瓷钢是铸铁搪瓷材料的一种替代品，它的价格更低廉。这种材质的浴缸质量更轻，所以它的减噪作用和耐热性没有铸铁那么好。尽管价格低廉的钢铁浴缸没有铸铁浴缸那么耐用，但是那些价格高一点的合金钢和复合材料组成的浴缸寿命更长，隔热效果更好。

胶衣浴缸是最经济的浴

爪脚浴缸

带有外围和水龙头的浴缸

玻璃门瓷砖淋浴室

玻璃马赛克瓷砖淋浴室

缸之一，它的制作过程是把树脂喷射到模具表层，然后用玻璃纤维和树脂进行背面加固。胶衣浴缸的薄外层没有其他材质的浴缸耐用，也容易由于清洁不当磨损。然而，在不常用的浴室内，如度假房或客房浴室，胶衣浴缸仍不失为一个好的选择。

亚克力浴缸比胶衣材质的浴缸更耐用、更抗划伤，价格也很合理。外层更厚一些，寿命也更长一些。亚克力浴缸的外壳涂有一层加固材料。

替换浴缸衬层是由亚克力塑料制成的，可以减少拆掉和更换浴缸的麻烦和成本。测量并订购配件后，承揽人会在一天之内安装新浴缸和淋浴墙。也许整个过程有点贵，但是与雇一个重塑承包商、买一个新浴缸、等待安装相比便宜快捷很多。

旧浴缸久经岁月洗礼，斑点和划痕很多，这些可以就地修复。技师可以彻底清洁表面，把瑕疵和划痕修复好并使用新的去面涂层。喷射亚克力大概需要一天的时间固化，它既可以是无光曲的也可以是抛光面的。很多专业化的承办商可以提供这项服务。亮白如新的亚克力表面具有原先的搪瓷不具有的可塑性。在你订购之前，可以先下获悉品或细修的浴缸。

特殊浴缸

浸泡浴缸在日本是一种存在已久的浴缸，因为某些原因在全世界也颇受欢迎。结束一天的工作之后很少有比浸泡在盛满及下巴热水的浴缸中更惬意的事了。深度为51cm到90cm不等，浸泡浴缸比标准浴缸更深一些，它也是当今浴室内独立式浴缸的发展趋势。超高的浴缸很难进入；也许你需要借助一张宽阔而结实的踏步凳。其他需要注意的有：随着浴缸深度的增加，它盛的水也会增多，种类也随之增加。一个81cm深的浴缸可以盛227L～284L水，对于地板结构和热水器容量是一种挑战。

涡旋浴缸的水是喷射到浴缸内的，这是一种水按摩，其喷射强度可以调整。涡旋浴缸肯定比标准浴缸贵得多，但是它可以让一天中紧张疲劳的肌肉放松，有一些可以供一人以上共同使用。非常大的涡旋浴缸可以盛568L或更多的水，这要求特殊的地板结构和专门的热水器装置。

喷气浴缸利用一串串的泡沫而不是喷射的水柱进行水按摩。因为它不需要内在的管道结构再循环浴水，它不需要像涡旋浴缸那样细致地维护。它的价格也比最精致的涡旋浴缸

淋浴室

定制瓷砖淋浴室（上图）

提供了最大化的设计可能性。硬盘和淋浴盆可以就地制作，形状和规格也可以任意变化，一系列的陶瓷和石质瓷砖提供了丰富的颜色、纹理和图案样式，能够符合各种品味的要求。瓷砖淋浴室可以设计成无门样式，这样阳光可以透过玻璃窗或玻璃门照入。有多种陶瓷和石质瓷砖可供选择，但是为了防滑，地面不要选用表面光滑、经过高度抛光处理的瓷砖。为了防滑，淋浴室的瓷砖可以具体划分为很多小的不同部分。

整体式浴缸与组合淋浴的材质可以是凝胶涂层玻璃纤维或亚克力。全封闭的亚克力浴缸/淋浴器和整体天花板可以配备蒸汽发电器或多头淋浴器。由于规格原因，在革新时整体式浴缸或淋浴室也许不适合设置在过道或门口处，但是制造商还会提供更适合浴室的两和三个模型。

独立式淋浴比组合淋浴更适合较小的空间，设计和价格也多种多样。包括能够安装在角落处的亚克力和玻璃纤维类并带有弯曲的或有角的表面。更大的部件包括如磨制座椅、可调整喷头和嵌入式壁龛等。

马桶

马桶的风格和价格多种多样，但是政府规定马桶的每次

冲水用的水量不得超过6L，这比旧马桶的11L～19L少很多。落地式马桶是最常见的类型，但是安装在墙上的也有。它能够空出更多的地面空间，也能够让清洁变得更方便。高于平均高度的马桶更适合那些需要使用轮椅和不方便坐下或站立的人。

主要有两种基本的马桶设计样式。目前最常见的重力给水设计。当冲洗阀打开时，水箱中的部分水释放出去，剩余部分依靠重力和水自身的重量释放出去。压力辅助马桶借助家庭管道系统的压力或者使用水泵排出废物。某些马桶的耗水量小于标准的6L标准。动力辅助马桶的冲水强劲有力，但是价格昂贵一些，噪音也更大一些。

两部分马桶是由一个碗和一个水箱组成的，在安装时由管道工连接在一起。有些马桶是专为角落处安装设计的，那种老式的、水箱高悬于墙壁上的马桶市场上目前也有。

整体式马桶更贵一些，但是裂缝和接缝比两部分马桶少，从视觉角度上更现代，也更易于清洁。

室外家具

柚木（上图）是室外木质家用制品的理想选择，维护简单。时间长了，这种华丽的棕色热带硬木会褪成银灰色

柚木

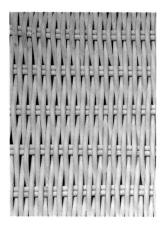

上色柳条

粉末涂层铝制品

棉花马特拉斯织物

的，为保持其柔和的外貌这种多油的木头需要时不时地进行洗涤。

红木是一种由来已久的为人们所喜爱的木材为很大程度上是由于其颜色，深红棕色。红木也一直是造船者喜爱的木材，泰坦尼克号最初的躺椅就是由红木做的（一家楠塔基特岛马萨诸塞州公司根据在1912北大西洋打捞的残骸生产了一系列这种躺椅）。这种木头自热而然会变成柔和的灰色。

一系列热带硬木，如赤桉木、娑罗双木和春茶木都是更为知名的柚木和红木的替代品。价格比顶级柚木便宜，但是这些木材也非常强韧、紧密、耐风雨。红棕色在雨水的洗礼和太阳的暴晒下会褪成银灰色，但是一层油又可以让其恢复原来的颜色。

雪松木和红杉木是进口热带木材的替代品。这两种软木和室外建筑材料的历史一样悠久，这两种木材既防腐又防虫。纹理清晰紧密的新材最抗风吹日晒，但是供应量却一直在下降。这两种木材都没有热带硬木那样紧密，抗磨损能力也差一点。不像热带木，它们需要定期涂木材防腐剂。

柳条家具（上图）是由柔软的枝条编织而成的。合成纤维现在用来做所有室外编织家具的原材料。不像自然枝条编织的家具，这种由合成纤维编织于铝制或塑料制的结构上

的家具，经过雨水甚至大雪的冲刷改观也很小或者几乎不变样。最好的一点是它们都真实、自然、舒适。

藤条、水葫芦、海草和蕉麻都是植物纤维，可以用来制作带有自然之美的编织家具。这些纤维可以染色，但是却不能放在室外。要把它们放在露台或门廊下。

铸铁和熟铁是露台和花园家具的最好材料，即便是狂风暴雨它也不会变成棕色。金属可以铸造成任何形状，这样华丽的家具装饰就可以清洁了。水会使铁生锈，所以必须粉刷铁质家具（定期重新粉刷）。有些制造商也会用塑料式的涂层做保护层。

铝是当今室外家具中使用最为广泛的材料，而且与铁相比，它有一个很大的优点：它不会生锈。但是，如果保护不得当，铝会凹陷或发生氧化，所以要选用带有粉末涂层的铝制品（上图）。室外铝制品家具等级各不相同。空心管家具是最经济的选择，质地也非常轻。铸铝制成的家具更重、更结实，风格和成品也多种多样，尽管顶级的铸铝制品非常昂贵。

塑料是一种经济耐用的材料，可以用于室外家具，做成很多样子。在紫外线抑制剂的保护下，塑料便不受天气的影响，亮色的塑料也成为可能。如果你想用更传统的方式利用塑料，市场上有可回收塑料制成的家具，看上去像粉刷的木

质家具。阿迪朗达克风格的椅子和摇篮是其中的一些代表。

抗风雨的垫子和织物给金属和木质家具增加了色彩和质感，也使得周日下午的休息更加惬意舒适。普通棉帆布应该嵌在里面，外面应该用一些更坚固、不褪色、易于清洗的合成材料。抗风雨的帆布在市场上也有售。

织物

帆布是一种耐用的布料，一般应用于运动产品、遮阳篷和帐篷。它是由棉花、亚麻或大麻编制而成的，它表面简单随意，可以用在垫衬物和枕头的里面或外面。它是一种很好的室外垫子制成和材料：选用那些带有特氟龙保护层的帆布，这种帆布既防水在阳光下也不会褪色。

绳绒线是围绕簇状带子编织蚕丝、棉花或合成纤维制成的，绳绒线华美且富有深度。它由法语词"毛毛虫"而得名，这种奢华的毛皮般的材料可以用来做毛毯、抱枕和家具内衬物。

棉布是一种质地轻盈的织物，由来自棉铃的初生纤维制成。它透气、可洗、多变，适合制作床上用品、内衬物和窗帘。来自埃及棉花的长纤维最适合做床上用品，经过太阳照射的帆布和斜纹布适用于室外家具。棉布通常和亚麻、羊毛、蚕丝或合成纤维混合使用。

牛仔布料是一种较重的斜纹棉料制品，兴起于法国，并在加利福尼亚淘金潮时流行于美国的工人中间，成为颇受工人们追捧的工作裤（牛仔裤）。对于较随意的家居房间来说，这种耐洗的牛仔布料是一种很好的沙发座椅套，对于有孩子和宠物的房间以及室外空间来讲，更是难得的耐用材料。反复洗涤后，牛仔布料会更加柔软，外观也更加清新。

仿皮绒模仿了绒毛皮革的外观和手感，是一种超细纤维材质。这种耐用的合成材料可以用作沙发套或椅套，既柔软又耐洗，还可以为整间房间增添奢华富贵之感。

皮革是一种格外耐用的材质，随着时间的流逝，这种材质会更加柔软、日显华丽。可以从表面结构、尺寸、颜色和柔软程度等角度辨别出皮革的好坏。黑色和棕色是经典的皮革颜色，但是现如今，制造商们大大丰富了皮革的颜色选择。无论是当代还是复古的室内装饰风格，皮革都同样可以融入其中。

亚麻布（见上图）是亚麻纤维织物，其强度是棉布的两倍，这种干净挺拔、会呼吸的、有质感的布料越用越柔软。亚麻布是颇受欢迎的桌布、餐巾、帷帐和内衬物的制作材料。它通常和棉布搭配使用，这样保养更方便。可机洗的亚麻布现在在市场上均有售。

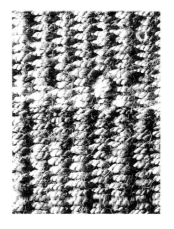

生亚麻线布　　　　　斜纹布　　　　　剑麻地毯　　　　　基里姆地毯

马特拉斯织物（上图）是一种由两种材料编织而成的织物，一般是由棉花和凸起的模仿棉被样式的装饰图案构成（马特拉斯在法语中的意思是"加衬垫的"）。事实上，这种效果是通过联结填充纬编织（一种填充线或纱线）而不是通过缝纫实现的。马特拉斯床上用品、枕头和抱枕纹理清晰、古典质朴。

丝绸是由来自日本蚕茧的松散的丝线编织而成的。其美观的光泽和平整的纹理颇受欢迎，丝绸是一种奢华的帷帐和枕套的制作布料。

合成纤维，诸如人造纤维、涤纶、尼龙和亚克力和一系列不同的自然织物编织在一起，这样就会更持久耐用也更易于保养。

毛巾布是一种传统的毛巾料，通常是由棉花编织而成的，表面成圈，吸水性非常好。毛巾布耐洗、干得快、耐潮，是制作枕垫和内衬物的理想布料。

斜纹布（上图）是一种棉料织物，凸起的斜纹理紧紧地编织在一起。粗斜棉布和华

达呢是斜纹布的典型代表。耐用、可洗、舒适，斜纹棉布是室内室外椅套和内衬物的理想布料。耐阳光直射的斜纹布是室外家具布料的最佳选择。

天鹅绒是一种由羊毛、蚕丝或棉花编织而成的传统布料。它的凸起绒面由一排排的毛圈组成，毛皮一般的纹理舒适豪华。它是帷帐和内衬物的经典布料，天鹅绒给内饰带来了饱满感和优雅。

羊毛强韧、温暖、有弹性，是一种自然布料。羊毛纤维通常和自然纤维或合成纤维混合使用。

地毯

蕉麻，也叫做马尼拉麻，是一种非常强韧的纤维，它来自原产自菲律宾的一种香蕉植物的叶柄。蕉麻和真正的大麻没有任何关系，尽管两者都用来制作股线、织物和地毯。

椰壳纤维是一种来自椰壳的自然纤维。从椰壳上取下之后纤维即被纺织成席子。椰壳纤维垫表面粗糙，通常被认为是最结实的地毯。椰壳纤维是

玄关、门厅处地毯的理想布料，也被广泛应用于门垫。

棉纱线编织的地毯柔软有弹性，而且易于清洗。其风格多种多样，如印度的织锦手纺纱棉毯、美国的编织地毯和碎呢地毯。它的吸水性很强，是卧室地毯的理想布料。

黄麻纤维来自一种亚洲特有的木本植物。当编织成垫子时，它看上去非常奢华，纹理和羊毛的非常相似。黄麻纤维被认为是最柔软的自然编织地毯，但是却没有剑麻或海草地毯耐用。纸质地毯是由从木浆中提取的纤维编织而成的。它非常耐用舒适，纸质地毯可以编织成各种图案，看上去像剑麻纤维和其他自然纤维编织而成的地毯。它是一种环保的材料，因为木制品可回收降解。

海草是一种来自中国的商业种植水草，它产出的纤维和稻草纤维非常相似，但是比椰壳纤维、剑麻和黄麻纤维平整。它耐脏，非常适合人流量大的地方。它偏绿的颜色（最后会变成棕色）让房间变得温暖、富有吸引力。

剑麻（上图）是一种富有弹性的纤维，这种纤维来自生长于亚洲、非洲和中美洲的剑麻（或龙舌兰）植物。剑麻纤维编织的地毯非常耐磨，表面平整富有质感。剑麻地毯相对比较柔软，是居住区和卧室的理想布料。它的耐用性也非常适合作玄关和门厅处的地毯原料。

合成纤维地毯机器编织的纤维，如尼龙、人造纤维、涤纶或亚克力。耐用、耐脏、实惠。聚丙烯纤维是一种以石油为基础的合成纤维，可以编织成醒目的图案，这种纤维看上去像剑麻纤维和海草纤维。聚丙烯纤维地毯用水即可清洗，是一种非常实用的布料，适用于门口、厨房和室外等人流量比较多的地方。

羊毛地毯温暖、防水、耐用。大多数羊毛毯是和合成纤维编织在一起的，比较典型的是由80%的羊毛和20%的尼龙编织而成。羊毛纱线传统上编织成图案复杂的东方和西藏地毯，也会编织成土耳其和阿富汗的基里姆地毯。